I0035646

COURS ÉLÉMENTAIRE

D'AGRICULTURE

A L'USAGE DES ÉCOLES PRIMAIRES

PAR

ALFRED VALBORT

Chevalier de l'Ordre Royal des Saints Maurice et Lazare,
ancien Proviseur des écoles élémentaires ; Président
de la Société centrale d'Agriculture du
département du Nord.

CHAMBÉRY
IMPRIMERIE DE PERRIN

1861

COURS ÉLÉMENTAIRE

D'AGRICULTURE

A L'USAGE DES ÉCOLES PRIMAIRES

PAR

FLEURY LACOSTE

Chevalier de l'Ordre royal des Saints Maurice et Lazare ;
ancien Proviseur des écoles élémentaires ; Président
de la Société centrale d'agriculture du
département de la Savoie.

CHAMBÉRY

IMPRIMERIE DE PUTHOD FILS, AU VERNEY

1861

PRÉFECTURE DE LA SAVOIE — CABINET DU PRÉFET

COURS ÉLÉMENTAIRE D'AGRICULTURE

Chambéry, le 22 février 1861.

MONSIEUR ,

J'ai lu avec beaucoup d'intérêt le manuscrit du Cours élémentaire d'agriculture à l'usage des écoles primaires, que vous avez bien voulu me communiquer.

J'accepte volontiers la dédicace de ce travail, qui paraît appelé à contribuer aux progrès agricoles de la Savoie.

Recevez, Monsieur, l'assurance de ma considération distinguée.

Le Préfet de la Savoie, DIEU.

A M. Fleury Lacoste, à Cruet.

INTRODUCTION

Je suis cultivateur depuis plus de vingt ans, je vis au milieu des paysans, et je n'ai pas attendu jusqu'à ce jour pour reconnaître la puissance de la routine! Je l'ai si bien reconnue que j'ai presque renoncé à la combattre.

Il m'a fallu, je dois le dire, bien des déceptions pour renoncer à cette propagande agricole. Toutes les fois que ma propre expérience m'avait bien démontré une vérité, vite j'allais la leur criant sur les toits; les cultivateurs m'écoutaient avec une certaine attention, et moi de les croire bien convaincus, au moins disposés à tenter un essai. « Essayez, leur disais-je, essayez sur un morceau de terre grand comme la main. » J'étais à peine loin, qu'ils riaient tous de ce qu'ils appelaient le *système Lacoste*, et revenaient à la *coutume*.

La coutume! Ce qu'Esope disait de la langue ne peut-il pas se dire aussi de la *coutume?* C'est une bien bonne et une bien

mauvaise chose que la coutume. Une bonne
coutume est la richesse d'un pays ; une
mauvaise coutume peut en être la ruine. On
taille la vigne trop tôt, on fauche les prés
trop tard, parce que c'est la coutume ; on
se sert de telle charrue qui laboure mal,
parce que c'est aussi la coutume, etc., etc.

Certes, les traditions en agriculture méri-
tent une grande attention, et tout en admi-
rant de toutes nos forces les hommes que
tourmente la curiosité des innovations, il ne
m'est jamais venu à la pensée de conseiller
aux paysans des essais douteux ; à chacun
sa tâche ; c'est aux cultivateurs riches qu'est
échu le dangereux honneur, le devoir de
soumettre à l'épreuve de la pratique les procédés nouveaux. — Dans l'armée agricole,
les paysans ne sauraient être à l'avant-garde
et servir d'éclaireurs ; ce poste, comme je
viens de le dire, est réservé aux gens plus
aisés. Mais il ne s'ensuit pas que les paysans
doivent toujours préférer l'arquebuse à la
carabine rayée. Non, certes, et si la génération actuelle veut être *quand même* enfant
de la coutume, la génération qui grandit

aujourd'hui dans nos campagnes trouvera
aussi, j'espère, son émancipation. Elle ne
peut la trouver que dans une bonne instruction ; aussi ai-je particulièrement destiné ce questionnaire agricole aux élèves qui
fréquentent les écoles de la Savoie.

J'ai donc écrit ce petit livre pour eux,
et je n'ai pas le droit de me plaindre des
difficultés qu'il m'a coûtées : car la pensée
qu'il serait lu et étudié par des enfants et
qu'il en ferait peut-être plus tard des cultivateurs raisonnant leur agriculture, m'a
rendu ce travail très agréable. Dans l'art
agricole, comme dans les autres arts, les
premiers principes sont une garantie et sau-
vegardent des leçons souvent trop sévères
de l'expérience.

J'ai divisé ce Cours élémentaire en cin-
quante-sept leçons. — Chaque leçon com-
prend, autant que possible, la solution d'une
question agricole ou l'étude d'une culture
spéciale. Ces leçons étant très abrégées, j'ai
dû ne signaler que les faits les plus importants et les plus faciles à saisir par de jeunes
élèves d'écoles rurales.

Je n'ai pas cru pouvoir faire ce petit Cours d'agriculture sans parler de quelques-uns des éléments de physique agricole. — Il faut absolument initier les enfants à ces quelques phénomènes de la nature, qui se renouvellent tous les jours sous leurs yeux, et provoquer leur attention.

La chimie agricole a dû aussi être abordée, mais avec la plus grande réserve. — Je n'ai pas voulu employer des termes techniques, qui, tout en étant un embarras pour la mémoire, ne peuvent parler à l'esprit d'élèves ignorant la clef d'une nomenclature scientifique ; et cependant j'ai cherché à ne pas ressembler à ces personnes trop complaisantes qui, parlant aux enfants, imitent si bien leurs bégaiements, qu'elles finissent par soumettre tout-à-fait la grammaire à leur faiblesse.

Suis-je bien resté dans ce juste-milieu ? N'ai-je pas trop fait de concessions dans un sens ou dans l'autre ? Je l'espère un peu et le désire beaucoup, car là est toute l'utilité de ce Manuel d'agriculture.

Cruet, 1er mars 1861.

J.-FLEURY LACOSTE.

COURS ÉLÉMENTAIRE D'AGRICULTURE

Ire LEÇON

Physique et Chimie agricoles.

DE L'AIR

1. Qu'est-ce que l'air ?

— L'air ainsi que la terre sont les deux grands magasins du bon Dieu, comme le dit Joigneaux. Les plantes et les arbres y trouvent leur nourriture. Quant à l'air, c'est un corps invisible qu'on appelle *fluide* et qui entoure la terre ; cette enveloppe d'air qui nous entoure a reçu le nom d'atmosphère.

2. A quoi sert l'air pour la vie des hommes, des animaux et des plantes ?

— L'air est une des causes de la vie et de la santé des hommes, des animaux et même de la vie des plantes qu'on appelle végétation des plantes.

3. Sans air que deviendraient les hommes, les animaux et les plantes ?

— Sans air l'homme et les animaux ne pourraient vivre, car la respiration ne pourrait avoir lieu. Les plantes ont aussi besoin d'air pour que quelques-uns des corps qu'il renferme servent à les nourrir (1), et puissent circuler dans les petits trous qu'on aperçoit facilement dans le corps des plantes et qu'on désigne sous le nom de *pores*, ainsi que dans les conduits de la sève, soit *conduits séveux*.

4. Que contient l'air qui soit si indispensable à la vie des plantes ?

— L'air, qui entoure la terre et qu'on appelle atmosphère, contient plusieurs principes qui nourrissent les plantes, mais principalement de l'eau, qui leur est aussi indispensable que l'air même.

5. Comment l'eau répandue dans l'air, soit l'humidité, agit-elle sur les plantes ?

— L'eau répandue dans l'air agit sur les

(1) *Note pour l'instituteur :* L'azote et l'acide carbonique sont plus indispensables à la végétation que les *sels* qui n'existent pas dans l'atmosphère d'une manière constante et uniforme.

feuilles des arbres et des plantes à peu près de
la même manière que l'eau de la terre sur les
racines.

6. Si l'air contient trop d'eau, qu'en résulte-t-il ?

— Une trop grande quantité d'eau dans
l'air, soit une trop grande humidité, peut devenir nuisible aux récoltes, en causant la coulure des fleurs (1) et en diminuant la qualité
des fruits.

7. Si l'air est privé d'eau qu'arrive-t-il ?

— Il en résulte la sécheresse, qui est aussi
dangereuse ; les plantes, ne trouvant plus dans
l'air leur nourriture habituelle, se flétrissent et
très souvent périssent.

8. L'air peut-il se corrompre et devenir
dangereux pour les hommes et les animaux ?

— L'air peut devenir dangereux dans les
maisons habitées , si on ne le renouvelle pas

(1) *Note pour l'instituteur, qui pourra plus tard en donner l'explication à ses élèves :*
Les fruits coulent ou plutôt avortent lorsque les anthères
placées au sommet de l'étamine ne peuvent s'ouvrir. Cela
arrive souvent, soit par des pluies prolongées, soit par le
froid ou une trop grande chaleur. Alors le pollen ne peut
se répandre sur le pistil, par conséquent féconder l'ovaire.

souvent. C'est ainsi qu'une chambre trop longtemps fermée contient un air difficile à respirer,
surtout s'il y a plusieurs personnes qui y cou-
chent. Il en est de même des écuries qui contiennent un trop grand nombre de bestiaux,
ainsi que dans les chambres où l'on élève un
grand nombre de vers-à-soie.

9. Quel moyen faut-il donc prendre pour
éviter aux hommes et aux animaux de respirer
un air aussi mauvais ?

— Il faut le renouveler en ouvrant chaque
matin les portes et les fenêtres et donner le
temps à l'air qui est en dehors, soit l'air extérieur, d'entrer dans les chambres et les écuries
pour y remplacer cet air chaud et empesté si
nuisible à la santé des hommes et des animaux.

10. N'y a-t-il pas d'autres précautions à
prendre ?

— Il faut éloigner autant que possible les
fumiers des maisons d'habitation, balayer et
tenir propre tout ce qui entoure lesdites maisons, faire disparaître près des habitations les
eaux croupissantes, les végétaux qui fermentent, etc. Quant aux animaux, il faut donner de
l'air dans les écuries, en sortir le fumier le plus

souvent possible, et les tenir dans la plus grande
propreté.

11. Cet air chaud et malsain pour les hommes et les animaux, n'a-t-il pas son utilité?

— Il est très utile aux plantes et à tous les
végétaux qui se nourrissent de cet air malsain,
soit par les feuilles, soit par toutes les parties
qui composent leur corps. Il est reconnu que
cet air corrompu étant composé de différents
gaz dont la proportion a augmenté relativement
à l'oxygène, et de quelques corps étrangers de
nature organique, qui flottent dans l'air vicié,
est si indispensable à la vie des plantes, qu'elles
n'en ont jamais assez. C'est pour cela qu'il faut
en augmenter la quantité par des fumiers qu'on
appelle *engrais*.

2ᵉ LEÇON

Du Calorique, de la Chaleur et de la Lumière.

12. Qu'entend-on par calorique?

— Le *calorique* est le principe de la chaleur;
c'est un fluide qui est très léger et qui pénètre
dans tous les corps en les forçant à se gonfler,
soit à se dilater, ce qui augmente leur grosseur.

fait ouvrir les *pores* des plantes et fertilise la circulation de la sève.

13. Quelle est la couleur qui s'empare le plus facilement du calorique ?

— En général, plus un corps est foncé en couleur, plus il absorbe de chaleur ; plus il est blanc, plus il la réfléchit. Ainsi un corps noir s'échauffe plus facilement qu'un corps bleu ; un bleu, plus facilement que le jaune, et un corps blanc, au lieu de prendre de la chaleur, la renvoit aux corps qui l'environnent.

14. Y a-t-il plusieurs sources de chaleur ?

— Il y a deux sources principales de chaleur : la première est la chaleur naturelle qui vient directement du soleil et qui anime toutes les plantes et les animaux ; la seconde est artificielle, c'est-à-dire qu'on l'obtient avec du feu, de la vapeur, de la fermentation, et au moyen du frottement.

15. Qu'appelle-t-on lumière ?

— La lumière est ce phénomène physique qui produit sur l'organe de la vue la sensation de la vision, c'est-à-dire la perception des objets. C'est encore un fluide très fin, très délicat, qui s'étend et se propage rapidement.

Il faut bien qu'il en soit ainsi, puisque les savants disent que la lumière parcourt en une minute plus de quatre millions de lieues.

16. Quelle influence exerce la lumière sur les hommes, les animaux et les plantes ?

— 1° La lumière exerce une immense influence sur les hommes et les animaux, car ceux qui sont nés et exposés au soleil sont plus forts, moins souvent malades, de plus haute taille et plus robustes que ceux qui vivent à l'ombre.

2° La lumière est aussi très utile aux plantes pour leur donner plus de saveur, soit un meilleur goût, conserver leur couleur et augmenter leur vigueur en assurant leur production soit *fécondité*.

Le blé est bien plus beau dans un champ découvert que dans nos terrains plantés d'arbres et de hutins; il en est de même de la vigne, qui demande de l'air et du soleil pour donner de bon vin.

17. Que deviennent les plantes qui sont toujours à l'ombre ?

— Les plantes privées de lumière restent molles, les feuilles sont petites et leur couleur est d'un vert pâle, enfin elles sont dans un état de souffrance qu'on appelle *étiolement.* Or, une plante étiolée ne produit jamais de bonnes graines. Nous ajoutons que les plantes privées de lumière, perdent leur couleur verte et deviennent blanches. C'est pour cette raison que les jardiniers couvrent leurs salades, les cardons, les céleris, etc., pour les faire blanchir et les rendre plus mous et plus tendres.

3ᵉ LEÇON

Du Froid et de la Gelée.

18. Qu'est-ce que le froid ?

— On dit qu'un corps est froid lorsqu'il ne contient plus de chaleur et qu'il y a absence plus ou moins grande du calorique dont nous avons parlé dans la seconde leçon.

19. Quelle influence exerce le froid sur les animaux et sur les plantes ?

— Le froid étant un état des corps ou une sensation, si l'air est sec, il donne lieu à une excessive transpiration aux animaux ; si l'air est humide lorsque les arbres sont en fleurs, la sensation du froid fait avorter les germes des fruits. Enfin un corps très froid diminue de grosseur, soit de volume.

20. Qu'appelle-t-on gelée ?

— On appelle gelée la solidification de l'eau produite par l'abaissement de la température. Alors l'eau ayant perdu toute la chaleur qu'elle pouvait contenir, se gèle naturellement et se convertit en glace.

21. Quelle influence exerce la gelée sur les plantes ?

— La gelée exerce de grands désastres sur les plantes, lorsqu'elle arrive en temps humide, et surtout après un dégel ou une fonte de neige ; car, le corps des plantes contenant alors une grande quantité d'eau qui se glace facilement, l'intérieur des plantes éprouve un déchirement, et l'on voit quelquefois de gros arbres se fendre en plusieurs endroits. Ces arbres ainsi fendus s'appellent *gélifs* et ne sont plus bons pour la construction.

22. Qu'appelle-t-on gelées tardives ?

— Les gelées tardives sont celles qui arrivent en mars et avril..., alors tous les arbres fruitiers, et principalement la vigne, sont gravement atteints : la récolte est à peu près perdue.

23. La gelée n'est-elle utile à rien ?

— La gelée rend quelques services aux cultivateurs : elle purifie l'air, fait cesser les maladies contagieuses, fait périr une grande quantité d'insectes nuisibles aux plantes. Elle conserve les viandes, et c'est pour cette raison qu'on attend les froids de l'hiver pour saigner les cochons et en saler la viande.

4e LEÇON

De l'Eau.

24. Qu'est-ce que l'eau ?

— L'eau est une substance liquide, transparente, sans saveur et sans odeur quand elle est pure, qui se durcit par un certain abaissement de la température et se change en vapeur, soit se *vaporise*, par une élévation de la température.

25. A quoi sert l'eau ?

— L'eau est l'un des principaux fondements de la vie des corps organisés et contribue puissamment à la végétation des plantes : c'est la boisson de l'homme et des animaux. Il est reconnu que sans eau les plantes se dessèchent et meurent.

26. L'eau produit-elle toujours de bons résultats ?

— Pour que l'eau produise des effets salutaires sur la vie et la santé des hommes, des animaux et des plantes, il faut qu'elle soit bonne et appropriée aux divers usages auxquels elle est destinée. Elle peut donc être mauvaise, et alors elle produit des maladies, des langueurs et la mort. Pour éviter ces tristes résultats, il s'agit d'apprendre à connaître ses qualités et ses propriétés bienfaisantes ou pernicieuses.

27. De quoi est composée l'eau ?

— De deux principaux gaz ou fluides qui, étant combinés en certaine quantité, forment ce liquide que nous appelons *eau*.

28. Quels sont ces principaux gaz ou fluides ?

— Le gaz *oxygène* et le gaz *hydrogène* sont les éléments de l'eau. Ils s'y trouvent combinés dans les proportions suivantes : 11,11 parties en poids d'hydrogène et 88,89 parties d'oxygène sur cent parties.

29. Quelles sont les principales conditions dans lesquelles doit se trouver l'eau pour être de bonne qualité ?

— 1° L'eau qui n'a pas été exposée à l'air n'est pas bonne pour l'arrosement des plantes ;

2° L'eau qui sort en dessous des montagnes rocheuses est la plus pure de toutes les eaux : on lui donne le nom d'Eau de roche ;

3° Au contraire, les eaux qui traversent des plâtres ou qui séjournent dans des souterrains de tourbe, soit marécages, sont malsaines ;

4° Les eaux de rivière qui coulent sur du sable, sont filtrées par le sable sur lequel elles coulent et sont très bonnes à la santé ;

5° Il en est de même des eaux qui descendent de la montagne par sauts et cascades, pourvu qu'elles ne proviennent pas de la fonte des neiges.

30. Quels sont les signes apparents soit visibles d'une bonne qualité d'eau ?

— Une bonne eau de source doit être claire, limpide, sans odeur, douce au toucher comme si on y avait mis du savon. En la mettant dans un seau, elle ne doit laisser aucun dépôt au fond du vase ; des mousses vertes, du cresson, des pierres légèrement couvertes d'un limon brun, doux et gras au toucher, indiquent une eau bonne et salutaire ; mais une espèce de rouille jaune sur les pierres, des joncs et une odeur quelconque, indiquent toujours une eau préjudiciable à la santé.

31. Quelles précautions doit-on prendre lorsqu'on puise des eaux à la source même ?

— Les eaux prises à la source n'ayant pas encore été soumises à l'air et au soleil, sont très fraîches, mais crues ; elles sont donc dangereuses à boire lorsqu'on a chaud. Dans ce cas on ne doit jamais s'en servir pour la boisson des hommes et des animaux qu'après les avoir exposées à l'air pendant douze heures au moins.

32. Quelles sont les meilleures eaux pour l'arrosement des plantes ?

— La meilleure de toutes pour l'arrosement des plantes c'est l'eau de pluie ; vient ensuite l'eau reposée dans un bassin exposé à l'air et au soleil : l'eau trop froide refroidit la terre, diminue et arrête pour ainsi dire la végétation.

33. Quel est le moment le plus favorable pour arroser ?

— Au printemps, il faut arroser dans la matinée, afin que la terre soit à peu près sèche lorsque la nuit arrive ; car, à cette époque de

2

l'année, les nuits sont encore assez froides et l'humidité produite par l'arrosement pourrait contribuer à faire geler la naissance de la plante, qu'on appelle *collet* de la plante.

En été, il faut, au contraire, arroser après le coucher du soleil, pour que l'eau, en s'évaporant moins vite que dans la journée, maintienne la terre dans une humidité convenable pendant la nuit, ce qui ranime la végétation en rendant la vie aux racines et aux tiges des végétaux, qui, dans certaines journées de l'été, souffrent d'une trop grande chaleur.

5e LEÇON
Des Nuages, des Brouillards, de la Pluie et de la Rosée.

34. De quoi sont formés les nuages et les brouillards?

— Les vapeurs contenues dans l'air se réunissent en très petites boules creuses dans l'intérieur, comme des bulles de savon. Suivant le degré de chaleur du moment, ces petites boules, qu'on appelle *vésicules*, soit *petites vessies*, s'élèvent dans l'atmosphère, et, en se rassemblant, elles forment les nuages. Si la température est

moins chaude et un peu plus humide, au lieu
de s'élever, ces vésicules se rassemblent dans
le bas des montagnes et dans la plaine, et forment ce qu'on appelle les brouillards.

35. Comment les nuages se transforment-ils
en pluie ?

— Lorsque l'air se refroidit et que les nuages, en se réunissant, augmentent de volume,
et par conséquent de pesanteur, les petites
vésicules dont nous venons de parler finissent
par se diviser et tombent en pluie sur la terre.

36. Quels sont les effets favorables produits
par la pluie ?

— Les pluies douces de mars et d'avril
favorisent les labours du printemps, les prairies, la végétation des graines et la reprise des
arbres et autres plantes nouvellement mises en
terre ; les pluies modérées d'été rafraîchissent
l'air et assurent les récoltes d'automne, font
grossir les fruits et facilitent les semailles.

57. Quels sont les effets défavorables causés
par les pluies ?

— Les longues pluies sont toujours nuisibles et en toutes saisons, mais principalement
au printemps et en automne. Au printemps, elles

empêchent aux fruits de se nouer : c'est ce qu'on appelle *coulure* ; en automne, elles font pourrir les fruits.

38. Qu'appelle-t-on rosée ?

— La rosée est le produit de la condensation de la vapeur d'eau disséminée dans l'atmosphère par le refroidissement des végétaux. Alors de petites gouttes d'eau se forment sur les plantes pendant la nuit et disparaissent le matin à la chaleur du soleil ou par l'action du vent.

39. Dans quelle circonstance la rosée se forme-t-elle ?

— Il n'y a jamais de rosée si le ciel n'est parfaitement clair et sans nuages et s'il y a le moindre obstacle entre le ciel et les plantes. Ainsi, point de rosée si le ciel a été couvert de nuages pendant la nuit.

40. Quels sont les bons effets produits par la rosée ?

— Dans les temps de grandes chaleurs, la rosée qui se forme pendant la nuit rafraîchit les plantes et leur rend une vigueur indispensable pour les empêcher de flétrir et contribue par conséquent à les maintenir dans un état favorable de végétation.

41. Quels sont les désavantages de la rosée?

— Rien n'est plus dangereux pour les animaux et surtout pour les moutons que de leur faire manger des herbages couverts de rosée. On les expose à l'enflure ; alors nous disons dans nos campagnes qu'ils sont *gonflés* et les savants disent qu'ils sont *météorisés*. Cette maladie pourrait les faire périr, si de prompts remèdes ne leur étaient pas de suite administrés.

42. Que doit-on faire pour éviter ce danger?

— On ne doit jamais donner des herbages ou faire pâturer les vaches et les moutons pendant que ces herbages ou la prairie sont encore mouillés par la rosée.

6ᵉ LEÇON
De la Gelée blanche, de la Neige et de la Grêle.

43. Qu'appelle-t-on gelée blanche?

— La gelée blanche est sans contredit la rosée d'hiver ; car la rosée formée pendant la nuit sur toutes les plantes, finit par être changée en petits glaçons, si la température atmosphérique se refroidit subitement.

44. Quels sont les accidents causés par la gelée blanche?

— La gelée blanche peut causer de grands dommages à la vigne, aux mûriers et à tous les arbres à fruits. Elle détruit une grande partie de ces récoltes si elle arrive en avril, époque où les bourgeons de vigne commencent à se développer et où les arbres à fruits sont en fleurs.

45. Dans quelle circonstance la gelée blanche fait-elle le plus grand mal?

— Si les plantes sont couvertes de gelée blanche au moment du lever du soleil et que le ciel soit sans nuages, tous les bourgeons qui en étaient couverts sont entièrement perdus. Si, au contraire, le ciel se couvre de nuages au moment du lever du soleil, la gelée blanche disparaît très lentement et les dégâts sont presque nuls.

46. Comment la neige se forme-t-elle?

— Quand l'air devient très froid, les petites vésicules qui forment les nuages et les vapeurs d'eau contenues dans l'air, se congèlent complètement, et ces petites aiguilles si déliées, qui se réunissent en flocons plus ou moins volumi-

neux, proviennent, d'après les hommes de la
science, du passage brusque de la vapeur d'eau
à l'état solide. Alors il tombe de la neige au
lieu de tomber de l'eau.

47. Quels sont les effets produits par la
neige ?

— La neige est utile à l'agriculture si elle
reste longtemps sur le sol, mais il n'en serait
pas de même si elle tombe et fond plusieurs fois
dans l'hiver.

48. Quelles raisons en donnez-vous ?

— Si elle tombe et fond plusieurs fois dans
l'hiver, les blés sont alors trop pleins d'eau et
peuvent facilement pourrir ou être fortement
endommagés par le déchaussement de leurs racines. Il en est de même pour la vigne, dont les
petites racines, qui sont presque à la surface du
sol, se trouvant alors dans un terrain trop
humide, peuvent être anéanties, s'il survient
un fort gel.

49. Quels sont encore les effets produits
par la neige ?

— La neige est indispensable pour alimenter les cours d'eau et les fontaines. Car il
existe de grands bassins ou réservoirs dans

les montagnes et dans leur intérieur qui finissent par se remplir, soit par les pluies, soit par
la fonte des neiges. Alors les eaux descendent
dans les vallées, en ruisseaux, en torrents, et
forment les rivières et les fleuves. Une partie
des eaux de ces grands réservoirs, traversent
les montagnes par filtrations et forment des
fontaines pour nous abreuver.

50. Qu'est-ce que la grêle ?

— La grêle est un amas de petites boules
de glace qui, après avoir été formées des vésicules composant les nuages, tombent avec
fracas sur la terre.

La grêle tombe ordinairement dans l'été
aux heures les plus chaudes de la journée.
La chute de la grêle est presque toujours
annoncée par de forts coups de tonnerre. La
durée de la grêle est d'environ un quart
d'heure... Cela suffit pour détruire les récoltes
des blés, des vignes, des arbres fruitiers et des
jardins.

51. Comment se forment ces petites boules
de glace qu'on appelle grêle ?

— La grêle étant presque toujours annoncée
par de forts coups de tonnerre, on peut bien

supposer que c'est à la suite de l'éclat de la foudre que la formation de la grêle a lieu. Il est encore presque certain qu'il existe une relation entre le phénomène de la grêle et les phénomènes électriques de l'atmosphère.

52. Quels sont encore les résultats fâcheux causés par la grêle ?

— Outre la perte de la récolte, les vignes qui ont été grêlées ont une végétation languissante pendant deux ou trois ans et ne sont remises en bon état qu'en faisant de grandes dépenses.

La grêle est donc un des plus grands fléaux des pays de vignobles.

7ᵉ LEÇON

De l'Electricité, de la Foudre et des moyens de s'en préserver.

53. Qu'est-ce que l'électricité ?

— L'électricité est encore un fluide qui abonde dans la nature entière et qui est le principe de la foudre et du tonnerre.

54. L'électricité agit-elle sur les plantes ?

— L'électricité agit sur toutes les plantes et l'on a observé que dans les temps d'orage où l'électricité est en plus grande quantité dans l'air atmosphérique, les graines germent mieux, les plantes grandissent plus rapidement et les fruits mûrissent plus promptement.

55. Puisque l'électricité est la cause principale de la foudre, quels sont les effets produits par la foudre ?

— Les effets de la foudre sont quelquefois terribles, car, lorsqu'elle éclate, elle tue les hommes et les animaux, met en feu les matières faciles à brûler et renverse tout sur son passage.

56. Quels sont les endroits que la foudre frappe de préférence ?

— Elle frappe de préférence les objets les plus rapprochés des nuages : dans les montagnes, c'est le sommet ou la pointe des rochers ; dans la plaine, elle frappe ordinairement les tours, les clochers, les grands arbres, enfin tous les points les plus élevés.

57. Quels sont les corps qui paraissent attirer la foudre ?

— Tous les métaux, l'or, l'argent et le fer.

58. Quels sont les meilleurs moyens de s'en préserver ?

— Il ne faut jamais se mettre à l'abri de l'orage sous les grands arbres quand le tonnerre gronde, surtout lorsqu'on tient à la main une fourche, une faulx ou tout autre instrument en fer. Il vaut donc mieux rester au milieu du chemin et recevoir toute la pluie, ce qui est moins dangereux.

59. Que pensez-vous de l'usage qu'on a conservé dans certaines communes de sonner les cloches à l'approche et pendant les orages ?

— Cet ancien usage, auquel l'ignorance des campagnes attribuait du merveilleux, a été reconnu comme excessivement dangereux, car le son des cloches, en ébranlant l'air qui les entoure, forme, pour ainsi dire, un passage qui, joint à la croix de fer qui surmonte le clocher, facilite l'explosion entre le nuage et le métal, en renversant le clocher et tuant quelquefois le sonneur qui tient à la main la corde de la sonnerie.

60. Quels sont les moyens de garantir de la foudre les clochers et autres monuments publics ?

— Ce sont les paratonnerres inventés par le célèbre Franklin.

61. Qu'est-ce qu'un paratonnerre ?

— C'est une barre en fer, longue de six à neuf mètres, terminée en pointe par du cuivre rouge et à sa base par un carré en fer de cinq à six centimètres de côté. On place cette barre de fer sur le sommet du clocher ou du bâtiment qu'on veut préserver. On fixe au pied de la barre de fer une corde en fil de fer qui descend le long des murs extérieurs du bâtiment jusqu'au sol où elle est enterrée à cinq ou six mètres de profondeur.

62. Alors que se passe-t-il si un orage éclate ?

— Si un orage éclate, la pointe en fer terminée par du cuivre rouge, comme on vient de le dire, sert de conduit à l'électricité qui suit la corde en fil de fer jusque dans le trou où elle est enterrée. Arrivée là, l'électricité se perd dans la terre où elle se dissémine.

8e LEÇON
Des Terres labourables.

63. Quels sont les principaux éléments qui composent les terres labourables ?

— Le sable, la terre glaise, soit l'argile et le calcaire.

64. Qu'appelle-t-on sable ?

— Le sable est une poussière de pierres, qui a été détachée des montagnes par les eaux et qui en roulant s'est réduite en très petits corps ronds et quelquefois anguleux.

65. Y a-t-il plusieurs espèces de sable ?

— Le sable le plus grossier est appelé gravier ; le plus fin est appelé sablon. Les terres qui sont près des rivières sont, en grande partie, composées de ce sablon. Dans la vallée de l'Isère, par exemple, ce sablon étant mélangé avec de bonne terre, des feuilles et débris de plantes, d'engrais de diverse nature et réduits en terre noire et fertile, est un excellent terrain.

66. Quel nom donne-t-on à ces terrains ainsi mélangés et déposés par les eaux ?

— On les appelle terrains d'*alluvion*.

67. Si les terrains étaient entièrement composés de ce sablon, seraient-ils fertiles ?

— Comme on vient de le dire, ces sablons ne deviennent très fertiles que s'ils sont mélangés avec d'autres terres ; mais si le sablon y domine, ils sont très pauvres, par la raison qu'ils laissent trop facilement écouler l'eau et les sucs qui doivent engraisser, soit fertiliser le sol. D'ailleurs, le sablon étant trop facile à s'échauffer et à se refroidir, rend les effets de la chaleur et de la gelée trop sensibles aux plantes.

68. Qu'appelle-t-on terres argileuses, soit vulgairement terres grasses ou glaises ?

— Les terres argileuses sont très serrées, très humides, mais dures et crevassées quand elles sont sèches.

69. Qu'est-ce que la terre calcaire ?

— Cette terre est ainsi nommée parce qu'elle donne la chaux, la craie, les gypses et les marnes. La terre calcaire est féconde lorsqu'elle se trouve mélangée avec d'autres terres.

70. Comment peut-on améliorer les terres très sablonneuses, c'est-à-dire les terres où domine le sable ?

— On les améliore par des labours profonds qui conservent l'humidité, et beaucoup de fumier de bêtes à cornes.

71. Comment améliore-t-on les terres argileuses ?

— On les améliore par des labours profonds pour faciliter l'écoulement des eaux,
par des raies d'écoulement, des fumiers chauds
et pailleux, et une grande quantité d'engrais.

72. Comment améliore-t-on les terres calcaires ?

— Comme pour les terres sablonneuses :
labours profonds et fumiers de bêtes à cornes,
mais bien pourris, soit consommés.

73. Qu'entend-on par fumiers chauds et
pailleux ?

— On appelle fumiers chauds ceux de
chevaux, de moutons et de poulailler. On dit
qu'ils sont pailleux lorsque la paille qui a servi
de litière n'est qu'à moitié pourrie, soit con-
sommée.

74. Les trois genres de terres que nous
venons d'étudier étant seules et sans mélange
d'autres terres, formeraient-elles un bon terrain à cultiver ?

— Leurs qualités trop tranchées les ren-
draient presque impropres à la culture, au
lieu que mélangées elles se corrigent réciproquement et forment les bonnes terres labourables.

75. Dans chaque qualité de terre quelle est la partie qui forme la principale nourriture des plantes ?

— C'est une matière noirâtre et à laquelle on donne le nom d'*humus*.

76. Qu'est-ce que l'humus et de quoi se compose-t-il ?

— Il se compose de débris d'animaux, de plantes, de feuilles et d'autres substances plus ou moins pourries, soit décomposées par l'air et le soleil.

77. Ces substances réduites en terreau noirâtre appelé humus sont-elles toujours favorables à la nourriture des plantes ?

— Ces substances réduites en terreau noirâtre, lorsqu'elles se trouvent dans des terres de marais, contiennent des parties aigres et acides qui nuisent à la qualité du sol.

78. Comment peut-on corriger et améliorer ce terreau, soit humus des marais ?

— C'est au moyen de la chaux, des cendres et des fumiers très chauds qu'on parvient à l'améliorer.

79. Puisque l'humus est si nécessaire à la vie des plantes, quels sont les moyens d'en augmenter la quantité ?

— C'est au moyen des fumiers, des terreaux et de tous les engrais contenant une grande quantité de débris de plantes et d'animaux.

80. Si une terre contient beaucoup d'argile, soit terre glaise, et une certaine quantité de sablon, quel nom lui donne-t-on ?

— On lui donne le nom de terre argilo-sablonneuse.

81. Si une terre contient en grande partie de l'argile et une petite quantité de calcaire, comment l'appelle-t-on ?

— On l'appelle terre argilo-calcaire.

82. Qu'appelle-t-on terre tourbeuse ?

— C'est une terre noirâtre, tremblant sous les pieds et provenant des marécages.

83. Quels sont les moyens de les rendre propres à l'agriculture ?

— Il faut les dessécher, les mélanger avec de la chaux, des cendres et des fumiers très chauds.

84. Quel est donc le meilleur terrain pour l'agriculture en général ?

— C'est celui qui est composé d'un mélange de sable, d'argile, de calcaire et d'humus, qui n'est ni trop dur, c'est-à-dire *compacte*, ni trop léger, c'est-à-dire *meuble*.

85. Pourquoi toutes ces conditions ?

— C'est qu'alors l'air peut y pénétrer facilement ainsi que les pluies, ce qui est très favorable aux jeunes racines, soit chevelu des plantes qui pousse dans ce genre de terre avec une grande facilité, et peut se développer et s'étendre sans obstacles.

9e LEÇON

Du Sous-Sol.

86. La qualité du sol, à sa surface, est-elle la même à une certaine profondeur ?

— Il y a une grande différence dans la qualité du sol, suivant la profondeur où il se trouve.

87. Quelle est cette différence ?

— A la surface se trouve une couche de terre végétale plus ou moins épaisse. Cette couche se divise en deux parties : le sol actif et le non actif, appelé *inerte*.

88. Qu'appelle-t-on sol actif ?

— C'est le sol qu'on remue et retourne

chaque année avec la pelle, la pioche et la charrue. Cette couche de terre est mélangée avec du terreau, et l'air y pénètre facilement ainsi que les fluides qui y sont contenus.

89. Qu'appelle-t-on sol non actif ou inerte ?

— C'est la couche de terre végétale qu'on ne remue pas chaque année avec la pelle, la pioche et la charrue.

90. Le sol qui se trouve au-dessous des sols actifs et non actifs, comment s'appelle-t-il ?

— On l'appelle sous-sol.

91. Quel nom donne-t-on à ces trois couches de sols différents ?

— On leur donne le nom de terrain agricole.

92. L'épaisseur de la couche de terre végétale qui se trouve à la surface, influe-t-elle sur la qualité du sol ?

— En général, on peut dire que plus la couche de terre végétale est épaisse, plus elle est fertile.

93. Pourquoi cela ?

— Parce que les racines des plantes y trouvent une nourriture abondante ; qu'elles peuvent s'enfoncer plus facilement et s'y mettre

mieux à l'abri de la trop grande sécheresse et
de la trop grande humidité.

94. Combien distingue-t-on d'espèces de
sous-sols ?

— Il y en a deux principaux, l'un qu'on
appelle perméable et l'autre imperméable.

95. Qu'est-ce que le sous-sol *perméable* ?

— On appelle *perméable* le sous-sol qui contient du sable, du calcaire et des pierres, et
laisse passer l'eau très facilement.

96. Qu'appelle-t-on sous-sol *imperméable* ?

— C'est un sous-sol qui est composé de très
petites pierres et d'argile qui, mastiqués en-
semble, représente un mur dur et compacte :
c'est ce que nous appelons dans les campagnes
du marc. Alors le sous-sol ne laisse plus passer
l'eau et la conserve.

97. Est-il indifférent que la première et la
seconde couche de terre végétale soient placées
sur un sous-sol perméable ou imperméable ?

— 1° Les terres fortes et dures, placées sur
un sous-sol imperméable, restent humides et
froides. Ces terres seraient bien plus riches
si le sous-sol était sablonneux soit perméable.

2° Les terres légères sont meilleures sur

un sous-sol imperméable, parce qu'elles conservent plus longtemps l'humidité, qui leur est
nécessaire ; tandis que, placées sur un sous-
sol perméable, l'humidité disparaît promptement, et les récoltes souffrent beaucoup en
temps de sécheresse.

98. Qu'entend-on par terre légère, terre à
seigle ?

— Ce sont les terrains sablonneux ou très •
calcaires.

99. Quelles sont les terres qu'on désigne
comme terre à froment, soit terre forte ou
grosse terre ?

— Ce sont les terres où l'argile domine.

10e LEÇON

Amélioration des terres.

100. Qu'est-ce qu'on entend par amélio-
ration du sol ?

— C'est augmenter sa valeur et sa fertilité
par tous les moyens possibles : construction
des chemins, fossés d'écoulement, drainage,
minages ou défoncements, destruction des
mauvaises herbes, enfin emploi des amendements et des fumiers, soit engrais.

101. Pourquoi place - t - on en première ligne la construction des chemins ?

— C'est que pour aller cultiver les champs, y transporter les fumiers et autres amendements, il faut d'abord des chemins qui permettent d'arriver sur les champs et rendre les transports faciles. Ensuite ces chemins ne sont-ils pas indispensables pour faire rentrer les récoltes. Plus les chemins sont bons et bien entretenus, moins on fatigue les bœufs ou les chevaux, moins on use les chariots et plus on peut charger les voitures sans augmenter pour cela la fatigue des animaux.

102. Pourquoi les terres humides, où l'eau séjourne, ne sont-elles pas propres à l'agriculture ?

— Dans les terres trop humides où l'eau séjourne, le travail y est difficile et ne peut être fait qu'en temps sec. Les semences périssent très souvent, les plantes sont sans vigueur, les récoltes y mûrissent très tard et les moissons y sont difficiles. S'il s'agit de prairies, les joncs, les prêles, les mousses, envahissent le sol, et le foin qu'elles produisent est ce que nous appelons dans les campagnes un foin

aigre, peu nourrissant et qui amaigrit les animaux.

103. Comment améliorer ce genre de sol ?

— On l'améliore au moyen de rigoles d'é-
coulement, de fossés et surtout de drainage.

104. Qu'est-ce que le drainage ?

— L'expression *drainage* est un mot an-
glais qui veut dire *dessèchement*. On fait creuser des fossés d'un mètre au moins de profondeur; on place au fond de ces fossés des
tuyaux en terre cuite qu'on appelle des *drains*,
et ces tuyaux ou conduits servent à l'écoulement des eaux, s'il y a une pente suffisante.

105. Comment peut-on reconnaître qu'un
terrain a besoin d'être drainé ?

— Partout où, quelques heures après la
pluie, on aperçoit de l'eau qui séjourne à la
surface du champ, partout où la terre est forte
et grasse, partout où elle s'attache aux sou-
liers, où les pieds des bœufs et des chevaux
laissent après leur passage des trous où l'eau
séjourne comme dans une assiette, partout
enfin où la chaleur du soleil contribue à former sur la terre une croûte dure et imperméable qui se fend, on peut être certain que
le drainage produira d'excellents effets.

106. Pourquoi détruire les mauvaises herbes ?

— Les mauvaises herbes occupent la place des plantes cultivées, les détruisent et prennent dans le sol les engrais qui sont destinés aux récoltes qu'il doit produire.

107. Comment peut-on les détruire ?

— Au moyen d'une culture variée et qu'on appelle *assolement* ; des cultures sarclées comme maïs, pommes de terre, betteraves, rutabaga ; des fourrages, des labours fréquents en temps sec et des défoncements.

108. Comment se produisent les mauvaises herbes ?

— Par leurs graines et quelquefois par leurs racines.

109. Une terre bien nettoyée a donc plus de valeur qu'une terre envahie par les mauvaises herbes ?

— Dans une terre qui est propre et bien tenue , les récoltes coûtent moitié moins et produisent moitié plus, tandis qu'un champ mal nettoyé ne produit presque rien et rend tous les travaux inutiles.

11e LEÇON

Amélioration du sol par les Amendements.

110. Qu'entend-on par amendements ?

— On entend par amendements tous les moyens d'augmenter la richesse du sol.

111. Quels sont les amendements le plus souvent employés ?

— Ce sont la marne, la chaux et le plâtre.

112. Qu'est-ce que la marne ?

— C'est une terre composée d'argile et de calcaire.

113. Quelle couleur a cette terre ?

— Elle est ordinairement blanche et douce au toucher, quelquefois elle est un peu colorée.

114. Les marnes ne contiennent-elles jamais que de l'argile et du calcaire ?

— Elles contiennent aussi quelquefois une certaine quantité de sable.

115. Quelles sont les marnes préférables ?

— On doit placer en première ligne celles où le calcaire domine ; viennent ensuite celles qui sont très argileuses, enfin celles qui contiennent un peu de sable.

Les premières conviennent spécialement

aux terres un peu trop argileuses, les secondes aux terres sablonneuses, et les troisièmes font merveille dans les terres complètement argileuses.

116. Comment emploie-t-on la chaux comme amendement ?

— On la dépose en petits tas sur le champ afin de lui donner le temps de s'éteindre, soit de se fuser, et on l'enterre ensuite par un léger labour.

117. A quelles terres convient la chaux ?

— Elle convient à toutes les terres qui ne contiennent pas de calcaire, ainsi qu'aux terres marécageuses et à celles nouvellement défrichées.

118. Quelles sont les plantes qui préfèrent la chaux ?

— Ce sont les trèfles, les luzernes et pélagras, soit enfin toutes les plantes qu'on appelle légumineuses.

119. La chaux dispense-t-elle de fumer les terres ?

— La chaux est un très bon amendement, mais pas plus que la marne elle ne dispense de fumer les terres, car si l'on en abusait, elle épuiserait le sol.

120. Comment emploie-t-on le plâtre ?

— En poudre fine qu'on répand sur les feuilles de trèfle, de luzerne et de pélagras, lorsque les tiges atteignent la hauteur de dix à quinze centimètres ; mais on ne doit jamais faire cette opération que lorsqu'il va tomber de la pluie, ou bien aussitôt qu'elle a cessé.

121. Les cendres ne sont-elles pas aussi un amendement ?

— Les cendres répandues sur le sol, comme on vient de l'expliquer pour le plâtre, produisent de très bons effets dans les terres légères sur les trèfles et les prairies en général.

12ᵉ LEÇON
Des Engrais.

122. Qu'appelle-t-on engrais ?

— On appelle engrais toutes les matières animales et végétales qui, en fermentant, se changent en substances liquides et gazeuses dont se nourrissent les plantes.

123. Qu'est-ce qui produit cette fermentation ?

— Les principaux agents sont : l'air, l'humidité et la chaleur.

124. Quels sont les principaux engrais animaux ?

— Ce sont les cadavres des animaux ;

Les poissons ;

Les os en poudre ;

La corne ;

Les cheveux, les poils, les déchets de laine ;

Les plumes, les rognures de cuir et de peau ;

Les lits soit fumiers de vers à soie ;

Les déjections de l'homme, des animaux et des oiseaux domestiques, le guano et les engrais composés soit poudrette.

125. Quels sont les principaux engrais végétaux ?

— Les mauvaises herbes ;

Le marc de raisin ;

La laiche et les roseaux ;

La paille de maïs ;

Les buis ;

Les colzas ;

Les sarments et feuilles de vigne ;

Les joncs et toutes espèces de feuilles ;

La suie de cheminée ;

Le tourteau de colza en poudre ;

Et les récoltes de lupin, de maïs, de sarra-

zin, enfouies en vert par un bon labour avant
la fleuraison de ces diverses plantes.

126. Quelle différence y a-t-il entre les
engrais animaux et les engrais végétaux ?

— Les engrais animaux et toutes les matières animales fermentent facilement et arrivent
très vite à la putréfaction. Ces engrais agissent
sur la végétation des plantes comme nourriture, soit *aliment*, et surtout comme excitant,
soit *stimulant*.

Les engrais végétaux fermentent et se dé-
composent très lentement, mais finissant par
s'échauffer à l'air et à l'humidité, les matières
végétales laissent couler un liquide noirâtre
qui dépose différents sels qu'on nomme *terreau*. Cet engrais agit sur les plantes comme
aliment et comme *rafraîchissant.*

127. Quelle différence y a-t-il dans les
effets produits par les engrais animaux et les
engrais végétaux ?

— Les effets produits par les engrais animaux sont beaucoup plus prompts et plus actifs
que ceux produits par les engrais végétaux.

128. Pourquoi les engrais animaux sont-ils
plus actifs ?

— C'est qu'ils sont plus vite décomposés et plus tôt réduits à l'état de nourriture des plantes ; tandis que la décomposition des engrais végétaux étant beaucoup plus lente, leur action est moins prompte mais plus durable.

129. Quel est le moyen de retarder la fermentation des engrais provenant d'animaux et d'activer la décomposition des engrais végétaux ?

— On obtient ces deux résultats en mélangeant de la paille ou de la laiche avec les déjections des animaux, et c'est ce qu'on fait en mettant de la litière sous les bœufs, les vaches et autres animaux. En cet état, ce mélange reçoit le nom de *fumier*.

130. Qu'appelle-t-on fumiers chauds ?

— On appelle fumiers chauds ceux de chevaux, d'ânes, de mulets et de moutons.

131. A quelles terres conviennent ces fumiers chauds ?

— Ils conviennent à toutes les terres argileuses, froides et humides : car alors ces fumiers, en échauffant le sol, le divisent et le rendent plus susceptible de recevoir les influences de l'air atmosphérique.

132. Qu'appelle-t-on fumiers froids ?

— Ce sont les fumiers de bœufs et de vaches ; celui de la vache surtout, car il contient
plus d'excrément et de liquide que celui des
bœufs.

133. A quelles terres conviennent ces fumiers ?

— Ils conviennent aux terres sèches, chaudes, légères et sablonneuses. Ces fumiers leur
donnent de la fraîcheur par leur humidité propre et par les eaux de la pluie qu'ils conservent
assez longtemps.

134. La manière de nourrir les animaux
influe-t-elle sur la bonne ou mauvaise qualité
du fumier ?

— Certainement, car le fumier produit par
un animal bien nourri est plus actif et plus fer-
tilisant que celui produit par un animal mal
nourri.

13ᵉ LEÇON
Suite des Engrais.

135. Quelles sont les qualités du fumier de
cochon ?

— Le fumier de cochon est très froid quand

on nourrit cet animal avec des laitues, des
choux, des raves, des pommes de terre, du
son et du petit-lait. Mais quand il mange des
glands, des châtaignes, de l'orge et d'autres
grains, son fumier est beaucoup plus chaud,
sa chair devient aussi meilleure et son lard est
plus ferme. Le fumier de cochon, qui est toujours très humide, doit être mélangé avec celui
de cheval, ce qui produit d'excellents effets.

136. Quelles sont les qualités des fumiers
de poules, de pigeons et autres oiseaux domestiques ?

— Ces fumiers sont très chauds et très
actifs. Il est rare qu'on les utilise dans les campagnes ; ils sont cependant très favorables à la
vigne, aux melons, courges, colzas, et qui alors
ont une végétation extraordinaire.

137. Comment doit-on arranger un tas de
fumier pour le conserver avec tous ses principes fertilisants ?

— On fait pratiquer au nord des écuries
une fosse carrée d'un mètre et demi de profondeur. On a soin de mettre au fond de cette
fosse trente à quarante centimètres de terre
pour qu'elle s'enrichisse du pus du fumier qu'on

placera dessus. Cette terre deviendra l'année suivante un engrais précieux, et on la remplacera par d'autre terre lorsqu'on recommencera un second tas. On dépose le fumier dans cette fosse à mesure qu'on le sort de l'écurie, et on le presse fortement avec les pieds afin d'éviter une trop grande évaporation et la moisissure. Un petit hangar sur le tas de fumier est indispensable pour que les eaux des pluies ne viennent le délaver et lui enlever ce qu'il contient de plus précieux. Quelques pièces de bois et quelques planches suffisent à cette construction.

138. Quel nom donne-t-on au jus du fumier?

— On lui donne le nom de *purin*.

139. Doit-on conserver ce purin?

— Le purin, en sortant de l'écurie, doit être conduit dans une fosse construite en maçonnerie. Cette construction, exigeant une assez grande dépense, on peut facilement la remplacer par un vieux tonneau qu'on enterre jusqu'au niveau du sol, et qu'on couvre simplement avec de vieilles planches.

4

140. A quoi peut servir ce purin ainsi conservé dans une fosse ou un tonneau ?

— On s'en sert, dans les grandes sécheresses, pour arroser le tas de fumier qui est placé sous le hangar dont nous venons de parler. Ce purin est aussi très précieux pour arroser les vieilles prairies, dans les premiers jours du printemps, et même pour arroser les jardins, mais alors il faut le mélanger avec une assez grande quantité d'eau, environ les deux tiers.

141. A quel moment doit-on transporter les fumiers sur un champ qu'on veut cultiver ?

— On doit les transporter sur les champs qu'on veut cultiver au moment même de les enfouir en terre par le labour.

142. Pourquoi donc a-t-on l'habitude de les transporter longtemps d'avance ?

— C'est une coutume vicieuse qui est assez généralement répandue ; car on fait très souvent les transports de fumiers pendant l'hiver, lorsque le sol est fortement gelé, afin, disent les cultivateurs, d'éviter de trop serrer la terre par le passage des charriots et afin de rendre les labours du printemps plus faciles ; ensuite, ajoutent-ils, c'est toujours un travail fait pen-

dant qu'il n'y a pas d'autres travaux à exécuter.

143. Pourquoi dites-vous que cette coutume
est vicieuse ?

— Elle est vicieuse parce que le fumier est
mis en petits tas sur le sol, de distance en distance, dans l'intention de faciliter le travail
lorsqu'arrive le moment de l'étendre. Ce fumier, ainsi exposé à l'air, à la pluie, au gel, au
dégel et au soleil, finit par conséquent par être
délavé par les pluies et par perdre tous les
principes fertilisants qu'il contient : il ne reste
plus que de la paille sans valeur nutritive.

144. Si l'on était forcé de transporter les
fumiers pendant l'hiver, quels moyens faudrait-
il prendre pour éviter la perte qu'on vient de
signaler ?

— Il faudrait alors les transporter sur le
sol et, au lieu d'en faire de petits tas, il ne faudrait en faire qu'un seul, serrer et presser ce
fumier avec soin, et le couvrir entièrement
avec de la terre, des feuilles et du gazon. En
prenant ces précautions, on diminuerait l'évaporation, et le fumier conserverait encore ses
parties fertilisantes. Mais il est toujours préfé-

rable de ne les transporter qu'au moment même de les enfouir en terre (1).

14ᵉ LEÇON

AGRICULTURE PRATIQUE

Des Instruments.

145. Quels sont les principaux instruments employés en agriculture ?

— Ce sont les charrues, les fouilleuses, les herses, les extirpateurs, les rouleaux, etc., etc.

146. N'emploie-t-on pas encore des machines pour la préparation des produits ?

— Les machines à battre le blé, les pressoirs, les moulins, les coupe-racines, les hache-paille, sont aussi employés avec grand avantage en agriculture.

147. Est-il absolument indispensable d'avoir tous les instruments dont nous venons de parler ?

(1) Nous verrons, dans la 56ᵉ leçon, la quantité d'engrais qu'il convient de mettre dans un hectare de terrain pour chaque genre de culture et suivant l'assolement adopté.

Nous y trouverons aussi la quantité de fumier que produit annuellement chaque tête de bétail suivant son espèce.

— Ce serait trop coûteux pour la petite agriculture, mais il y a toujours profit à se servir des plus parfaits.

148. Dans quel but a-t-on fait tous ces instruments ?

— Dans le but de faire le travail plus économiquement, plus complètement, plus rapidement et avec moins de fatigue.

149. Que doit-on exiger d'une bonne charrue ?

— En premier lieu, on exige le moins de force et de tirage possibles, c'est-à-dire le moins de peine pour les hommes et les animaux. On a reconnu que la simple charrue sans avant-train, nommée *araire*, donnait un meilleur labour et exigeait moins de force de tirage que celle à avant-train, soit à *barrotin*, vulgairement parlant.

150. Que doit-on observer pour faire un bon labour ?

— Il faut que la bande de terre soit assez renversée pour que les herbes et les engrais qui se trouvent à la surface du sol soient entièrement recouverts. La bande de terre prise par la charrue doit être plus ou moins large suivant la nature du terrain, car plus le sol est argileux et compacte, plus la bande de terre doit être étroite, afin de faciliter la division du sol. Quant à la profondeur, on doit labourer de 20 à 25 centimètres de profondeur sur 25 à 30 centimètres de largeur en moyenne.

151. La régularité d'un labour est-elle indispensable ?

— Sans doute, car si dans le même champ les bandes de terre sont plus ou moins larges, plus ou moins profondes et tortueuses, la surface est inégale ; alors toute la terre n'est pas labourée également et renversée convenablement. C'est ce qu'on appelle en Savoie laisser *des crapauds*. Cette irrégularité permet à l'eau de séjourner dans les sillons ; les semailles se font mal ; la herse fonctionne difficilement et tout se ressent de cette défectuosité.

152. Les labours doivent-ils être profonds ?

— Il faut presque toujours labourer profondément.

153. Pourquoi dites-vous : presque toujours ?

— Parce qu'il serait dangereux d'approfondir tout d'un coup une terre dont le

sous-sol serait de mauvaise qualité, surtout si
l'on n'avait qu'une petite quantité de fumier à
y mettre ?

154. Alors comment convient-il de faire ?

— Il convient de prendre chaque année un
peu plus de profondeur et profiter du moment
où l'on veut ensemencer des plantes sarclées ,
telles que pommes de terre, maïs, betteraves ,
rutabaga, etc. ; car, pour cultiver ces plantes
et tubercules, il faut une plus grande quantité
de fumier.

155. Doit-on toujours agir ainsi ?

— On ne doit pas agir ainsi lorsque le
sous-sol est de même nature que la surface ;
dans ce cas, on doit labourer profondément
du premier coup et même il y a grand avantage à le faire.

156. Quelles sont les meilleures charrues
à adopter ?

— A propos des nombreuses charrues dont
on se sert, voici ce que dit le célèbre direc-
teur de la ferme de Roville, M. Mathieu de
Dombasle, qui les a toutes vues et essayées :

« On a reconnu, dit-il, que la charrue
« simple, appelée *araire*, donne un bon labour

« et même meilleur que les charrues à avant-
« train, et qu'elle exige moins de force de
« tirage. Deux bœufs ou deux chevaux suffi-
« sent dans les terres les plus fortes et les
« plus argileuses. Elle peut labourer par des
« temps très humides, tandis que les roues de
« la charrue à avant-train s'embarrassent de
« terre et que quatre ou six chevaux qui y
« sont attelés piétinent le sol de la manière la
« plus fâcheuse. Elle peut aussi labourer par
« de grandes sécheresses où il serait impos-
« sible à la charrue à avant-train de piquer
« en terre, etc. »

157. Quelle est donc la charrue qu'on doit
préférer ?

— Jusqu'à présent l'araire modifiée par
M. Armelin et qu'on nomme charrue Armelin,
ainsi que la charrue dite de Grignon, paraissent remplir toutes les conditions que nous
venons d'exposer.

15e LEÇON
Suite des instruments agricoles.

158. A quoi servent les fouilleuses ?
— Les fouilleuses sont destinées à passer

après la charrue et dans le même sillon, pour fouiller et remuer une seconde couche de terre sans la ramener à la surface du sol.

159. Quel effet produit ce travail ?

— On obtient par ce travail une espèce de défoncement qui permet aux racines de pénétrer plus profondément dans le sol et facilite l'écoulement des eaux.

160. A quoi servent les herses appelées dans nos campagnes des *épenais*?

— La herse fait la même opération dans un champ que celle qu'on fait avec un râteau dans un jardin. Elle nivelle le sol, l'ameublit en le divisant, et sert à enterrer les semences.

161. Comment les dents d'une herse doivent-elles être disposées ?

— Les dents d'une herse doivent être assez rapprochées les unes des autres pour qu'elles puissent bien diviser la terre et enlever les herbes qui restent à sa surface après le labour.

162. Qu'appelle-t-on extirpateur ?

— L'extirpateur est une espèce de herse à fortes dents. Ces dents sont aplaties et ont quelquefois la forme de petits socs. On se sert de cet instrument pour remuer la surface d'un champ et arracher les mauvaises herbes qui le couvrent, après les moissons.

163. Dans quelles terres les fortes dents aplaties sont-elles préférables ?

— Dans les terres argileuses et au moment où le sol est un peu humide.

164. Dans quels terrains convient-il de se servir de l'extirpateur à dents en forme de petits socs ?

— Les dents formant de petits socs sont très utiles dans les terrains légers.

165. Qu'est-ce qu'un rouleau ?

— Le rouleau est une pièce de bois de chêne, ronde et longue de deux mètres, ayant vingt-cinq à trente centimètres d'épaisseur, soit de diamètre. Cette pièce de bois est soutenue par deux axes en fer plantés dans des brancards ou à un timon auxquels on attelle des bœufs ou des chevaux.

166. A quoi sert ce rouleau ?

— Lorsque le rouleau est mis en mouvement par des bœufs ou des chevaux, la pièce de bois qui forme le rouleau tourne sur le sol, brise les mottes soulevées par la charrue. Sans le rouleau, la herse ne peut ni briser les mottes trop dures, ni combler certains vides faits par la charrue ; alors il est évident qu'une grande quantité de grains entrent dans ces vides, où ils sont étouffés par l'épaisseur de terre qui les couvre.

167. D'après cette explication, faut-il commencer par passer le rouleau et ensuite la herse ?

— Il faut passer le rouleau en premier lieu si le sol est fort et argileux, car alors il y a une grande quantité de mottes à briser à la suite du labour ; mais si le sol est léger, on doit d'abord passer la herse pour niveler le sol et couvrir la semence, ensuite passer le rouleau pour donner un peu plus de fermeté et de consistance à ce terrain léger. Cette opération contribue à faciliter la germination des grains qu'on vient de semer, en pressant la terre sur chaque grain et faisant disparaître tous les vides qui peuvent se trouver dans un sol léger et nouvellement remué. Il est bien rare qu'on observe cette différence dans nos campagnes, et c'est une mauvaise coutume dont il faut absolument se corriger.

168. Quelles précautions doit-on prendre lorsqu'on essaye un nouvel instrument ?

— Il faut d'abord l'examiner attentivement, pour tâcher de le comprendre dans toutes ses parties, en faire l'essai soi-même sans jamais se rebuter. Si on ne réussit pas, alors il faut aller consulter ceux qui savent s'en servir : par ce moyen tout devient facile.

16e LEÇON

CULTURE DES PLANTES

Céréales.

169. Qu'entend-on par céréales ?

— Dans les temps anciens on attribuait à une femme nommée Cérès la découverte du blé. Il n'en fallut pas davantage pour en faire une déesse. Les peuples latins ou romains donnèrent le nom de *cerealis* à toutes les plantes qui produisent des grains propres à faire du pain. C'est de ce nom latin que la langue française a fait celui de céréales pour désigner les mêmes plantes. Ainsi, le froment, le seigle, l'orge, le maïs, l'avoine, etc., sont des céréales.

170. Quelles sont les terres qui conviennent au froment ?

— Ce sont les terres composées d'une moitié d'argile et d'autre moitié de sable et de calcaire.

171. Après quelle culture convient-il de le placer ?

— Il réussit très bien après le trèfle de dix-huit mois, rompu par un seul labour. Il donne aussi de très beaux produits après des cultures sarclées, telles que pommes de terre, betteraves, etc., mais il ne faut jamais le cultiver après une autre céréale.

172. Quelle quantité de froment en grains faut-il pour ensemencer un hectare de champ?

— Il en faut une plus ou moins grande quantité, suivant l'époque des semailles : car si l'on sème en octobre et à la volée, deux à trois hectolitres suffisent pour un hectare de champ ; si l'on ne sème qu'en novembre, il faut de trois à trois hectolitres et demi pour ensemencer la même surface.

173. Est-il avantageux de semer de bonne heure ?

— Il est toujours avantageux de semer de bonne heure, puisque d'une part il faut moins de semence et que d'autre part le froment semé de bonne heure a le temps de s'enraciner convenablement avant l'époque des froids de l'hiver, ce qui contribue à le fortifier et à fournir de plus beaux épis.

174. Emploit-on d'autres procédés pour semer le blé ?

— On emploit des semoirs mécaniques, qui malheureusement ne sont pas encore bien répandus. On reconnaît cependant qu'ils produisent les plus beaux résultats.

175. Quels sont ces beaux résultats ?

— D'abord, économie de semences, enfouissement des grains à la même profondeur, facilité des sarclages, puisque le blé est semé en lignes suffisamment espacées; enfin récoltes plus abondantes et grains infiniment plus beaux.

176. Quelle différence y a-t-il entre les semailles en lignes et les semailles en poquets?

— La différence est assez importante, car les grains, au lieu d'être semés sur toute la ligne très rapprochés les uns des autres et d'une manière continue, sont espacés sur cette même ligne d'une distance de quinze à vingt centimètres et forment un groupe de trois ou quatre grains, qui constitue ce qu'on appelle un *poquet*.

177. Quels sont les avantages de ce système de semer en poquets ?

— Voici les principaux avantages qui résultent de ce système : 1° C'est que chaque poquet étant formé de deux à quatre grains, avec une distance de quinze à vingt centimètres d'un poquet à un autre, ce petit groupe de grains jouit d'un espace de dix centimètres carrés entièrement libre ; alors les jeunes racines du blé peuvent s'étendre et se développer sans avoir l'inconvénient de rencontrer les racines des poquets voisins. Ce résultat est très important, car il est reconnu que ces petites racines, en se rencontrant, se nuisent beaucoup et s'affament réciproquement. 2° En suivant ce système, un hectolitre de froment est plus que suffisant pour ensemencer un hectare de terrain : c'est donc une économie des deux tiers de semence.

178. A-t-on déjà fait beaucoup d'essais de ce genre ?

— Depuis très longtemps ce procédé de semer par poquets est connu en Angleterre, en

Belgique et en France, mais c'est depuis cinq
à six ans seulement qu'on a introduit ce système
dans notre pays. Les résultats obtenus ont été
magnifiques et concluants.

179. Comment procède-t-on pour obtenir
la régularité des lignes et la distance d'un poquet à un autre ?

— Les constructeurs d'instruments agricoles n'ayant pas encore pu exécuter un instrument qui puisse fonctionner d'une manière
uniforme et régulière, un agronome de nos
pays a fait construire des quadrilles avec des
liteaux de plafond, en laissant des places vides
à la distance où il veut placer les poquets.
Plusieurs de ces quadrilles se placent en ligne,
à travers le champ qu'on veut ensemencer, et,
pour obtenir une régularité parfaite, on place
un grand cordeau dans le centre du champ,
pour tracer une ligne droite d'une extrémité à
l'autre du champ. Les quadrilles sont donc
placés à droite et à gauche de ce cordeau, qui
sert à les diriger convenablement et toujours
parallèlement. Le premier rang de quadrilles
une fois placés, quatre petits garçons de douze
à quatorze ans, ayant chacun un piquet en

bois légèrement aiguisé à une des extrémités, font des trous dans chaque carré laissé vide et à la profondeur de deux à trois centimètres ; quatre autres petits garçons placent dans chaque trou de deux à quatre grains de blé au plus ; ensuite les quatre planteurs enlèvent les quadrilles et les placent en avant, en faisant attention que les côtés des quadrilles soient toujours parallèles au grand cordeau qui est dans le centre du champ. Les quadrilles étant placés, les quatre semeurs recouvrent chaque poquet avec les pieds en pressant fortement la terre. Cette opération se fait pendant que les planteurs font de nouveaux trous dans les carrés vides, et ainsi de suite jusqu'à l'extrémité du champ. Il résulte de ce travail que les poquets se trouvent naturellement en quinconce et que les grains étant tous à la profondeur exigée suivant la nature du sol, pas un seul grain n'est perdu et que leur végétation est admirable.

180. Ce travail doit être très long et très coûteux ?

— Ce travail n'est pas aussi long et aussi coûteux qu'on pourrait le croire, car les huit petits garçons, recevant chacun un franc par jour, ensemencent facilement un hectare de champ dans trois jours, ce qui constitue une dépense de vingt-quatre francs par hectare en augmentation des autres travaux ordinaires.

181. Quels sont enfin les avantages qu'on obtient en suivant ce nouveau système ?

— Les poquets étant en lignes, on peut les sarcler et même les butter, ce qui augmente la quantité et la beauté des grains. Il est encore évident que la récolte d'un hectare de terrain semé en blé et à la volée ne produit en moyenne que quatorze hectolitres de blé, tandis que semé par poquets il produit de trente à trente-cinq hectolitres. Or, l'augmentation de main d'œuvre étant déjà couverte par l'économie de semence, on obtient encore un bénéfice de vingt hectolitres de blé.

17ᵉ LEÇON
Suite du Froment.

182. Que doit-on faire aussitôt qu'un champ est ensemencé en blé ?

— On doit toujours tracer des raies d'écoulement et donner issue à l'eau par tous les moyens possibles.

183. Le froment exige-t-il d'autres soins pendant sa végétation ?

— On doit lui donner, au printemps, un coup de rouleau, un trait de herse, ensuite les sarclages en avril et mai.

184. Quels effets produisent ces travaux du printemps ?

— Le coup de rouleau brise les petites mottes de terre qui sont encore à la surface du champ ; la herse divise la terre et l'ameublit ; enfin le sarclage détruit les mauvaises herbes.

185. A quel moment doit-on couper le froment ?

— Lorsque le grain est dur comme de la cire et que la paille est jaune.

186. Doit-on moissonner au même moment le froment destiné à faire du pain et celui qui est destiné à servir de blé de semence ?

— Non certainement, car le blé destiné à faire du pain peut être moissonné quelques jours avant sa complète maturité, tandis que celui qui doit servir de semence doit être arrivé à une maturité parfaite.

187. Pourquoi fait-on cette différence ?

— En voici les raisons : 1° c'est qu'on a reconnu dans la pratique que le blé coupé à sa première maturité donnait plus de farine et moins de son ; 2° que le pain fait avec ce blé était plus savoureux et plus nourrissant ; 3° que la paille était de meilleure qualité comme fourrage, puisqu'elle était moins desséchée ; 4° mais, lorsqu'il s'agit d'avoir du blé de semence, on a reconnu que le grain devait être bien dur, bien rouge ou bien jaune, suivant son espèce, et qu'il devait facilement se détacher de son enveloppe, soit de la balle.

188. Comment moissonne-t-on le blé ?

— On moissonne avec une faucille qu'on appelle vulgairement *volant* ; on se sert aussi de la faulx, ce qui est infiniment plus expéditif ; enfin on moissonne avec des machines traînées par des chevaux, mais jusqu'à présent ces machines appelées moissonneuses ne conviennent qu'à la grande culture.

189. Doit-on laisser le blé sur le sol après l'avoir coupé ?

— Le blé destiné à faire du pain peut rester deux ou trois jours sur le champ après

avoir été coupé, afin de laisser mûrir la paille.
Une fois rentré dans la grange, on peut attendre deux ou trois mois avant de battre les
gerbes. Mais s'il s'agit de blé destiné à servir
de semence, il doit être enlevé du champ aussitôt qu'il est coupé, parce qu'il a séché sur
plante, et on peut le battre aussitôt qu'il est
rentré.

190. Quels sont les moyens employés pour
battre le blé ?

— On se sert de l'ancien *fléau* appelé en
Savoie *écossu*, *flé*, etc. ; mais il est bien préférable de se servir des nouvelles machines à
battre.

191. Quels avantages offrent ces machines ?

— Le travail se fait beaucoup plus rapidement et avec moins de fatigue pour les hommes. Le grain est plus net et la paille est meilleure.

192. Y a-t-il plusieurs genres de machines
à battre ?

— On a pour la petite culture des machines à bras et d'autres marchant au moyen de
l'eau, ce qui vaut infiniment mieux, enfin des
grandes machines qui marchent au moyen de

la vapeur et d'autres au moyen de bœufs ou de chevaux. Ces dernières ns sont vraiment indispensables que dans la grande culture.

193. Sème-t-on quelquefois du blé au printemps ?

— On sème du blé au printemps lorsqu'on veut utiliser des terres qui ne peuvent être semées avant l'hiver.

194. A quelle époque convient-il de semer au printemps ?

— On doit semer vers la fin de février ou au commencement de mars ; mais comme à cette époque le blé n'a plus assez de temps pour s'enraciner et taller, il faut augmenter la quantité de semence d'un cinquième environ.

18ᵉ LEÇON
Du Seigle, de l'Orge, de l'Avoine et du Blé noir.

195. Quel terrain faut-il choisir pour semer du seigle ?

— On doit semer le seigle dans les terrains légers et sablonneux ; il réussit de même dans les terres nouvellement défrichées.

196. La culture du seigle est-elle très répandue ?

— Autrefois elle était générale, mais aujourd'hui elle diminue partout où l'agriculture fait des progrès. On ne sèmera bientôt plus de seigle que dans les terrains trop pauvres et trop légers pour produire du froment.

197. A quel usage emploie-t-on le grain de seigle ?

— Le seigle mélangé avec le froment fait un pain nourrissant et qui se conserve frais assez longtemps.

198. A quelle époque doit-on semer le seigle ?

— On doit le semer un peu avant le froment et toujours par un temps sec, tandis que le froment réussit au contraire lorsque le sol est humide.

199. Quel moment faut-il choisir pour couper le seigle ?

— On le moissonne ordinairement quinze jours avant le froment, lorsque la paille blanchit et que les nœuds de la tige ont entièrement perdu leur couleur verte.

200. S'il faut couper le seigle avant le froment, comment est-il possible de faire cette opération lorsqu'on a semé du seigle et du froment mélangés ?

— C'est encore une coutume vicieuse qui est généralement répandue dans nos campagnes, car le seigle étant plus vite mûr que le froment, il est évident que, si l'on attend la maturité du froment avant de commencer la moisson, le seigle étant trop mûr, on perd une grande partie de ses grains en le coupant et le liant en gerbes.

201. Comment appelle-t-on ce mélange de seigle et de froment ?

— On donne à ce mélange le nom de méteil, et dans plusieurs de nos communes on le désigne par le nom de *mornal*.

202. La paille de seigle est-elle bonne comme nourriture du bétail et à quel usage peut-elle servir ?

— Comme nourriture du bétail, la paille de seigle est la plus mauvaise de toutes ; mais on s'en sert pour le faîte des toits de chaume, des liens, des paillassons ; elle sert aussi à la fabrication des chaises. La paille de seigle coupée en vert avant la formation du grain est assez bonne pour la faire manger aux animaux, en attendant la première coupe de trèfle.

203. Dans quelle terre doit-on cultiver l'orge ?

— On doit cultiver l'orge dans les sols profonds, frais et gras.

204. Connaît-on plusieurs variétés d'orge ?

— Il y en a plusieurs variétés dont une à quatre et à six rangs de grains par épi ; mais toutes ces variétés demandent la même nature de sol et réussissent très bien dans un terrain convenablement fumé et surtout après une plante sarclée.

205. A quelle époque doit-on semer l'orge ?

— On la sème à deux époques ; l'orge d'hiver doit être semée en septembre ou dans les premiers jours d'octobre. L'orge de printemps doit être semée en mars ou avril : en mars, si le sol est chaud et léger ; en avril, s'il est froid et argileux.

206. Quand faut-il moissonner l'orge ?

— Lorsque la paille est jaune et que les épis se penchent du côté de terre.

207. Quel est le sol qui convient à l'avoine ?

— L'avoine prospère dans tous les terrains, mais elle préfère les terres un peu argileuses.

208. Après quelles récoltes réussit-elle le mieux ?

— Elle réussit après toutes les cultures, mais il ne faut jamais la mettre après une autre céréale. L'avoine donne de grands produits après une prairie défrichée et surtout après une luzernière.

209. A quelle époque doit-on semer l'avoine ?

— On la sème à deux époques : l'avoine d'hiver doit être semée de septembre à octobre, et celle de printemps, de février à mars.

210. Comment connaît-on que l'avoine doit être moissonnée ?

— On le connaît lorsque la paille jaunit et que les nœuds sont encore un peu verts. L'avoine s'égrenant très facilement lorsqu'elle est bien mûre, il est toujours prudent de la couper avant sa complète maturité et de la laisser mûrir en javelles étendues sur le sol.

211. A quoi sert la paille d'avoine ?

— La paille d'avoine est excellente pour la nourriture des bêtes à cornes.

212. Alors convient-il de semer de l'avoine ?

— Sans doute, puisque c'est une des céréales la plus productive. L'avoine se vend

toujours très facilement et sa récolte n'est pas
plus épuisante que celle des autres céréales.

213. Quel est le sol qui convient au sarrasin, soit blé noir ?

— Ce sont les sols légers et meubles.

214. Quels sont les engrais qui lui conviennent ?

— Le sarrasin s'arrange de tous les engrais.

215. Après quelles récoltes doit-on le
placer ?

— Il réussit après toutes les récoltes et
prépare convenablement le sol pour les céréales, si on le sème au printemps. C'est ce qu'on
ignore dans nos campagnes.

216. Peut-on semer le sarrasin à plusieurs
époques ?

— On doit semer le sarrasin dans le courant de mai et même jusqu'à la fin de juin ;
mais si on ne le sème qu'après la récolte d'un
blé, soit fin juillet, la végétation du sarrasin
est gravement compromise s'il survient une
sécheresse, et c'est une coutume vicieuse ,
puisque le sarrasin semé après une autre céréale devient très épuisant.

216. Le sarrasin sert-il quelquefois d'engrais ?

— Le sarrasin, enterré dans le sol au moment où il est en fleur, vaut presque une fumure.

217. Si l'on veut récolter le grain de sarrasin, à quelle époque faut-il le moissonner?

— On doit le moissonner aussitôt que les trois quarts des grains sont noirs.

218. A quoi sert la paille de sarrasin?

— La paille de sarrasin fait de très bonne litière.

19e LEÇON

Du Chanvre.

219. Quel est le terrain qui convient au chanvre?

— Le chanvre n'aime pas les terrains forts, durs, secs et caillouteux; il se plaît dans les terres douces, légères, sablonneuses et fraîches sans être humides au fond.

220. Quels sont les engrais qui conviennent au chanvre?

— Ce sont les engrais les plus pourris, soit décomposés, et les plus divisés.

221. Comment faut-il préparer le sol pour obtenir une bonne récolte?

— Il faut faire deux labours en automne avec une demi-fumure. Lorsqu'arrive le printemps, on transporte sur le terrain la seconde moitié de la fumure, mais il faut que le fumier soit presque réduit en terreau ; ensuite on donne un léger coup de charrue, on sème et on recouvre la semence par un ou deux coups de herse.

222. A quelle époque doit-on donner les labours d'automne et celui du printemps ?

— Le labour d'automne, qui est le premier, doit se donner au mois d'août, mais très profond ; le second, avec demi-fumure, avant l'hiver, et le troisième, avec l'autre demi-fumure, soit avec du terreau, au commencement de mai, au moment de l'ensemencement.

223. Ensuite, quels soins doit-on lui donner ?

— Aussitôt que le chanvre est levé, on lui donne un premier sarclage à la main. Quand le chanvre a atteint trente centimètres de hauteur, un second sarclage a lieu, et l'on éclaircit le plant, s'il est trop épais, si l'on veut faire du chanvre destiné au cordage ; mais le chanvre destiné à faire de la toile doit rester plus épais.

224. La culture du chanvre est-elle nuisible aux récoltes qui doivent la suivre ?

— La culture du chanvre n'est point nuisible aux autres récoltes, puisque le chanvre lève assez vite et dès qu'il est grand il étouffe toutes les autres herbes, en sorte que la terre est absolument nette et susceptible de produire abondamment du blé l'année suivante.

225. Comment se fait la récolte du chanvre ?

— La récolte du chanvre se fait en une seule fois lorsqu'on veut retirer tout le produit en filasse, mais on la fait en deux fois quand on veut recueillir de la filasse et de la graine.

226. Quel est le moment le plus convenable pour récolter dans les deux cas ?

— Si tout le produit doit être en filasse, on commence la récolte lorsque les fleurs mâles ont défleuri et que les feuilles commencent à jaunir, ce qui arrive dans nos climats vers le 15 août. Si l'on veut recueillir la graine, on commence à enlever les plantes mâles, et on laisse un certain nombre de plantes femelles de distance en distance ; car, ces plantes une fois isolées et ne recevant plus l'ombre de leurs voisines, la graine mûrit promptement. On les

enlève quand les feuilles ont jauni et que la
graine commence à noircir. En général, les
agriculteurs donnent à tort le nom de mâle à
la plante femelle et le nom de femelle à la plante
mâle.

227. Quelle différence y a-t-il entre la plante
mâle et la plante femelle?

— La fleur de la plante mâle forme une
espèce de grappe, soit assemblage de fleurs,
ce qu'on appelle fleurs à panicules ou panicu-
lées; tandis que la fleur de la plante femelle
est sans support, sans queue, soit *pédoncule*, et
sans support de la feuille, soit sans *pétiole*;
cette fleur femelle est donc appelée par les
savants fleur *sessile*.

228. Que pensez-vous de la graine qui
nous vient du Piémont?

— Le chanvre du Piémont réussit très bien
dans nos pays et s'élève quelquefois à dix pieds
de haut. Ce chanvre demande une terre légère
et sablonneuse et moins d'engrais que celui du
pays.

229. Comment se fait la récolte du chanvre?

— La récolte du chanvre se fait en arrachant les tiges de terre par petites poignées, et

l'on en forme des javelles qu'on laisse sécher plusieurs jours sur le champ. Ensuite on le fait tremper dans de l'eau ou on l'étend sur un pré, en le retournant de temps en temps, pour l'exposer à la rosée.

230. Pourquoi faut-il le tremper ou le laisser exposé à la rosée?

— C'est pour dissoudre, soit décomposer la gomme qui tient la filasse à la tige du chanvre et rendre leur séparation plus facile.

231. Quel est le moyen préférable à adopter?

— Il est bien préférable de mettre le chanvre dans une eau courante, car elle entraîne la matière colorante et lui donne une couleur blanc-jaunâtre, si recherchée par les acheteurs. Cependant, si l'eau courante manque dans le pays qu'on habite, on peut mettre le chanvre dans une eau dormante qui a déjà été réchauffée par le soleil, la couleur blanc-jaunâtre se conserve et six jours suffisent après avoir été exposé au soleil pour que la filasse se détache aisément de la tige.

232. Cette opération qu'on fait subir au chanvre dans l'eau courante ou dormante comment s'appelle-t-elle?

— On l'appelle Rouissage et l'on dit : mon chanvre vient d'être roui, au moment où on le sort de l'eau pour le faire sécher au soleil.

20ᵉ LEÇON
Des plantes sarclées.

233. Qu'entend-on par plantes sarclées ?

— Ce sont les plantes qui exigent des sarclages et des binages.

234. Quelle est leur utilité ?

— Nettoyer le sol, le préparer et fournir la base de la nourriture des hommes et du bétail pendant l'hiver.

235. Quelles sont les plantes sarclées qui sont le plus généralement cultivées ?

— La pomme de terre,

Le maïs,

Les betteraves,

Les carottes,

Les navets et rutabagas,

Les choux.

236. Qu'est-ce que la pomme de terre ?

— C'est une plante qui nous vient d'Amérique et dont les variétés sont très nombreuses.

On la cultive pour ses racines, comme plusieurs autres, mais celle-ci est incontestablement au premier rang, soit pour alimenter les hommes, soit pour les animaux.

237. Quel nom donne-t-on à toutes les plantes qu'on cultive pour leurs racines?

— On leur donne le nom de plantes *à tubercules*.

238. Connaissant les qualités de la pomme de terre comme nourriture de l'homme, comment agit-elle sur les animaux?

— Les pommes de terre crues coupées en tranches poussent à la production du lait, et cuites à celle de la graisse. Données en trop grande quantité aux animaux, elles les affaiblissent.

239. Quelles sont les terres qui conviennent aux pommes de terre?

— Elles réussissent à peu près dans tous les terrains; mais elles donnent de plus grands produits dans les sols légers et parfaitement meubles: plus la couche de terre végétale est épaisse, plus les produits sont considérables.

240. Quels sont les engrais qui lui conviennent?

— La pomme de terre s'accommode de tous les engrais ; mais, d'après le savant agronome M. de Dombasle, le fumier d'écurie est le meilleur. Des mélanges de fumier d'écurie et des débris de végétaux verts augmentent sa production, et on ne saurait trop la fumer.'

241. Après quelle récolte doit-on la placer?

— Après toutes les récoltes, mais surtout sur une prairie nouvellement défrichée et après un défoncement, soit minage.

242. Avant quelle récolte doit-on la placer?

— Comme c'est une plante qui exige des sarclages et buttages, elle doit être placée sur les terres les plus malpropres, afin de les nettoyer.

243. A quelle époque plante-t-on les pommes de terre?

— Dans les terres légères on plante les pommes de terre en mars jusqu'en mai, mais dans les terres argileuses un peu plus tard.

244. Comment les plante-t-on?

— On les plante en raies.

245. A quelle distance doit-on placer les lignes et à quelle distance doit-on placer les tubercules sur la ligne?

— Les raies doivent être espacées de cinquante à soixante centimètres au moins, et les tubercules sur la ligne doivent être à une distance de vingt-cinq à trente centimètres.

246. Comment répand-on le fumier ?

— Quelquefois on le répand sur toute la surface du champ et on l'enterre en labourant ; d'autres fois, et c'est le plus souvent, on place le fumier dans la raie même, soit au moyen de la charrue, soit avec la bêche.

247. Comment doit-on disposer les tubercules dans la raie ?

— Il faut les mettre dans le milieu de la raie, à la distance que nous venons d'indiquer, en plaçant la partie où se trouvent les plus gros germes en dessus, et on les recouvre de dix centimètres de terre, soit avec la charrue, soit avec la bêche.

248. Convient-il de planter des grosses ou des petites pommes de terre ou simplement des quartiers de ce tubercule ?

— Les grosses donnent de plus beau produits que les petites et les quartiers.

249. Après la plantation que doit-on faire ?

— Herser et rouler pour briser les mottes.

250. Quels soins exigent encore les pommes de terre ?

— On doit faire un bon sarclage aussitôt que les tiges ont dix centimètres de haut, puis un fort buttage avant la fleuraison.

251. Les feuilles de pommes de terre sont-elles bonnes pour le bétail ?

— C'est une mauvaise nourriture pour les animaux, et en les enlevant on nuit à la récolte des tubercules.

252. Quand doit-on arracher les pommes de terre ?

— On doit les arracher lorsque les tiges et les feuilles sont sèches.

253. Comment les arrache-t-on ?

— Avec la charrue ou avec la bêche.

254. Comment conserve-t-on les tubercules ?

— Il faut les rentrer lorsqu'ils sont secs, ensuite les mettre dans un endroit obscur et à l'abri du froid.

255. Pourquoi les mettre dans un endroit obscur, soit un endroit où le jour ne pénètre pas ?

— Parce que si le jour les frappe, les

pommes de terre deviennent vertes et prennent un mauvais goût.

256. Quelles sont les espèces les plus productives et les meilleures ?

— C'est incontestablement les suivantes : la parmentière, la patraque jaune, la jaune hâtive, la patraque rouge, la hollande jaune, la chardon, la hollande rouge très estimée pour les apprêts de cuisine, etc.

21ᵉ LEÇON

Du Maïs.

257. Qu'est-ce que le maïs ?

— Le maïs, qu'on appelle très mal à propos blé de Turquie, puisque le maïs nous vient d'Amérique, est une plante d'un intérêt et d'une utilité générale ; elle sert à la nourriture des hommes et à celle des animaux.

258. A quel usage emploie-t-on son grain ?

— On en fait des soupes soit potages, et sa farine, mélangée avec d'autre blé, fait un assez bon pain. En Piémont et dans la vallée de l'Isère on en fait des bouillies très épaisses qu'on appelle pollenta dure ; dans cet état elle est très nourrissante et se mange coupée en morceaux dans du lait, et sa farine sert aussi à engraisser les bestiaux et les volailles, etc.

259. Quels sont les terrains qui conviennent au maïs ?

— Il vient dans tous les terrains, pourvu qu'ils soient profonds et bien préparés, c'est-à-dire ameublis. Il réussit cependant mieux dans une terre légère et sablonneuse que dans une terre forte et argileuse.

260. Quel est son produit ?

— Le maïs est aussi généreux que la pomme de terre, car dans un sol défoncé, fumé et labouré convenablement, il peut rendre 70 à 80 hectolitres par hectare.

261. Quels sont les meilleurs procédés de cultiver le maïs ?

— On doit faire un bon labour avant les gelées d'hiver et assez profond pour détruire les larves d'insectes qui attaqueraient les racines après l'hiver, on répand le fumier et on l'enterre immédiatement avec un léger labour ; dans les premiers jours de mai on sème le grain.

262. Comment doit-on semer ?

— On est encore dans l'usage de semer à la volée parce que le travail est plus tôt fait, sauf à éclaircir plus tard, en arrachant une grande partie des plantes qui se trouvent trop près les unes des autres ; mais ce système est vicieux, puisqu'il rend le sarclage et le buttage beaucoup plus difficiles.

Il vaut donc beaucoup mieux semer en ligne. Chaque ligne doit être espacée de 60 à 70 centimètres, et deux grains semés dans chaque poquet sur la ligne de 40 à 50 centimètres les uns des autres.

263. A quelle profondeur doit-on placer les grains ?

— Les grains doivent être enterrés à 4 ou 5 centimètres de profondeur ; alors ils lèvent au bout de huit à dix jours. Si les grains sont enterrés de 6 à 8 centimètres, ils ne lèvent qu'au bout de 12 à 15 jours ; enfin, si par hasard les grains sont à 12 ou 15 centimètres de profondeur, ils ne lèvent qu'au bout de 20 à 25 jours.

264. Pourquoi est-il préférable que les grains lèvent le plus tôt possible ?

— C'est qu'une plante qui, par quelle

cause que ce soit, lève lentement ou difficilement, est toujours faible, étiolée et sans produits.

265. Quels soins doit-on donner au maïs ?

— Dès que la tige de maïs a 15 centimètres
de hauteur, on lui donne un bon sarclage ;
quand elle en a 20 ou 25, on lui en donne un
second et on arrache les plantes faibles en
éclaircissant celles qui sont trop rapprochées
les unes des autres. Puis, lorsque les tiges
arrivent à 30 et 35 centimètres, on les butte
comme on le fait pour les pommes de terre.

266. A quoi sert ce buttage ?

— La terre étant amoncelée au pied de la
tige, maintient les racines dans un état de fraîcheur indispensable à cette plante, surtout
dans les grandes chaleurs, et dans les temps
de pluie et de trop grande humidité chaque
ligne étant creusée dans son centre, cette
rigole facilite l'écoulement de l'eau qui ferait
pourrir les racines.

267. Ne peut-on pas mettre d'autres grains
dans les lignes de maïs ?

— On peut y mettre des grains de végétaux dont la maturité est assez précoce pour

ne pas donner trop d'ombrage au maïs, et assez tardive pour qu'elle ait lieu après son enlèvement.

268. Quels sont ces végétaux ?

— Les haricots nains, les pommes de terre, quelques courges soit citrouilles, quelques betteraves, etc.

269. Comment s'annonce la maturité du maïs ?

— La maturité du maïs s'annonce par le dessèchement des feuilles de la plante et l'écartement des feuilles qui enveloppent l'épi, vulgairement appelé par nos cultivateurs *le couteau.*

270. Quel temps faut-il donc dans nos climats tempérés pour arriver à la complète maturité du maïs ?

La maturité du maïs a ordinairement lieu cinq mois après sa plantation ; mais si après ce laps de temps les épis ne s'égrainent pas facilement, on peut en retarder la récolte sans inconvénients,

271. Dans quel pays récolte-t-on le meilleur maïs ?

— Le maïs du Piémont produit de la

farine qui est très recherchée. On obtient de
l'excellent maïs dans les terrains d'alluvion
de la vallée de l'Isère et principalement à
Montmélian. La farine de ces maïs se vend
aussi cher que celle du Piémont et passe souvent pour venir de ce dernier pays.

272. Ne sème-t-on pas du maïs comme
fourrage vert ?

— On sème beaucoup de maïs comme
fourrage vert, mais alors on le sème à la volée
et beaucoup plus épais. Une fois semé, ce
maïs n'exige plus de soins. Le grain est enterré par un coup de herse et se trouve à une
profondeur de 4 à 5 centimètres. Il reste environ huit jours avant de lever, et lorsqu'il
arrive à une hauteur de 1 mètre à 1 mètre
30 centimètres, on le fauche au fur et à mesure des besoins qu'on en a.

273. A quelle époque convient-il de semer
ce maïs destiné à être mangé en vert ?

— On le sème en mai ou après une récolte
de printemps et même après une récolte de
froment, si le sol est en bon état de production.

274. Ce fourrage de maïs convient-il aux
animaux ?

— Il convient beaucoup aux animaux, car les bœufs et les vaches le mangent avec avidité ainsi que les chevaux. Tous s'en trouvent très bien ; ce fourrage leur donne de la gaîté et de l'embonpoint. On a cependant observé que si on en donnait une trop grande quantité aux vaches laitières, elles perdaient un peu de leur lait.

275. Le maïs semé de cette manière peut-il être coupé deux fois ?

— Ce maïs ne se coupe qu'une seule fois.

22ᵉ LEÇON

De la Betterave.

276. Qu'est-ce que la betterave ?

— La betterave est une plante qu'on regarde comme une variété de la poirée, vulgairement appelée bette ou blette. Elle se distingue seulement par sa grosse racine longue ou ronde.

277. Quelles sont les variétés les plus cultivées ?

— La variété dite betterave champêtre, soit *disette*, est encore la plus répandue. Plu-

— 95 —

sieurs autres variétés rivalisent avec celles-là ;
les principales d'entre elles sont :

1° La betterave blanche qui sert à la fabrication du sucre et de l'alcool ;

2° La betterave blanche à collet rose, cul-
tivée aussi pour la fabrication du sucre, mais
plus vigoureuse et plus grosse que la blanche
pure ;

3° La grosse jaune ordinaire, fort estimée
pour la nourriture des vaches laitières ;

4° La betterave à globe jaune, variété qui
vient d'Angleterre et qui croît presque à la
surface du sol, ce qui la rend très précieuse
lorsque le sol est peu profond.

278. Quel terrain demande la betterave ?

— La betterave demande un terrain frais
et profond et les terrains d'alluvion lui conviennent beaucoup.

279. Quelle quantité d'engrais faut-il pour
cultiver la betterave et à quelle époque convient-il de fumer le sol ?

— La betterave demande beaucoup d'engrais ; il convient d'enterrer la moitié du
fumier qui lui est destiné, avant les froids de
l'hiver, et l'autre moitié au printemps. Ce fu-

mier est alors placé dans la raie au moment
du semis.

280. A quelle époque doit-on semer ?

— On doit semer en mars et avril, si l'on
veut repiquer en juin ; mais si c'est un semis
qui doit rester en place, on ne sème que dans
la première quinzaine de mai. Ce dernier procédé est reconnu le meilleur dans notre pays.

281. A quelle distance doit-on placer les
graines de betteraves ?

— Comme la plantation de betteraves se
fait en ligne, il faut espacer les lignes de 40 à
50 centimètres et placer les graines à une distance de 30 à 40 centimètres sur la ligne. On
met deux à trois graines à chaque place pour
ne laisser ensuite que le meilleur plant ; il faut
3 kilogrammes de graines par hectare.

282. Quels soins faut-il donner aux betteraves ?

— Aussitôt que les feuilles ont pris un peu
de consistance, on procède à l'éclaircissage,
afin qu'il ne reste qu'une seule plante et la
plus forte à la place indiquée. Cette opération
est suivie d'un sarclage complet. Il est surtout
très important de donner les sarclages et bina-

ges•nécessaires, pour ne pas laisser les mauvaises herbes s'enforcir ni la terre s'encroûter.
On ne doit pas butter, comme on le voit faire
dans certaines contrées.

283. Convient-il d'effeuiller la betterave
pendant sa végétation ?

— Il vaut infiniment mieux ne pas effeuiller, si l'on ne veut pas nuire au grossissement
des racines ; mais lorsque les betteraves ont
acquis à peu près tout leur développement,
on peut récolter quelques feuilles en ne prenant que celles du bas et laissant toujours un
bouquet bien garni dans le centre.

Dans tous les cas, il est reconnu que la
feuille des betteraves est un fourrage vert de
très peu de valeur; il convient donc de ne pas
diminuer la grosseur des tubercules, et par
conséquent il ne faut pas effeuiller.

284. Malgré les sages conseils de l'expérience, n'a-t-on pas la malheureuse coutume
d'enlever les feuilles des betteraves pendant
leur végétation ?

— C'est bien vrai, et l'on voit très souvent
des femmes faire ce qu'elles appellent une
charge de feuilles de betteraves pour donner

un repas à leur vache ; cette coutume déplorable occasionne une perte de près de la moitié des tubercules.

285. Comment récolte-t-on les betteraves ?

— On arrache les betteraves vers le milieu d'octobre, on coupe le collet pour enlever toutes les feuilles ; on laisse ressuyer les racines et on les transporte dans un endroit sec et à l'abri des gelées de l'hiver. On les entasse les unes sur les autres et on les recouvre au besoin avec de la paille.

286. Comment doit-on faire manger les betteraves aux bestiaux ?

— On doit les laver d'abord et ensuite les couper par tranches, afin d'éviter des accidents et d'empêcher les bêtes à cornes de s'étrangler en avalant de trop gros morceaux à la fois. Pour faciliter ce travail, on a des instruments qui font l'opération d'une manière prompte et régulière.

287. Comment appelle-t-on ces instruments ?

— On les appelle coupe-racines.

288. Peut-on donner des betteraves aux bêtes à cornes plusieurs fois par jour et sans qu'elles en soient fatiguées ?

— On peut leur en donner plusieurs fois par jour sans inconvénient ; mais il suffit de leur en donner une fois dans le milieu du jour pendant l'hiver, et ce repas humide, entre les autres repas secs, produit un excellent effet sur la santé des animaux et sert à augmenter la quantité et la qualité du lait des vaches laitières.

23ᵉ LEÇON

Des Carottes, Rutabagas et Navets.

289. Qu'est-ce que la carotte ?

— La carotte est aussi une plante très utile pour la nourriture des animaux. On assigne à la carotte le premier rang parmi les racines fourragères. Elle redoute moins le froid que la betterave, soit au printemps, soit au moment de la récolte. Elle pousse lentement pendant les chaleurs de l'été, mais elle prend un accroissement rapide au moment des pluies de septembre.

290. Quelle différence y a-t-il entre la carotte et la betterave ?

— La carotte diffère de la betterave par la forme de sa racine qui est très allongée et

7

qui contient beaucoup plus de sucre que celle
de la betterave.

294. Y a-t-il plusieurs variétés de carottes ?

— Il y en a un grand nombre ; mais les
principales sont : la carotte blanche à collet
vert, la rouge à collet vert, la petite blanche
des Vosges, et la jaune d'Achicourt qui est
regardée à juste titre comme une des meilleures.

292. Comment faut-il cultiver la carotte ?

— Il faut d'abord préparer le terrain,
comme nous l'avons indiqué pour la betterave ; mais comme la carotte est un peu plus
exigeante que la betterave, il faut que le sol
soit plus riche et mieux fumé. Cette augmentation de dépense est largement payée par les
produits qui sont beaucoup plus considérables
que ceux de la betterave.

293. A quelle distance doivent être les
lignes ?

— Elles doivent être un peu plus rapprochées que celles des betteraves. On place donc
les lignes à 40 ou 45 centimètres de distance
et à 15 ou 20 centimètres de distance sur la
ligne. La graine de carotte est lente à germer

et on n'aperçoit les jeunes tiges que trente et quelquefois même quarante jours après le semis. Deux kilogrammes et demi au plus suffisent pour ensemencer un hectare de champ. Aussitôt que les tiges ont deux feuilles, on fait le premier sarclage. Ce travail demande à être fait avec beaucoup de précaution à cause de la faiblesse des plantes.

294. Quels sont encore les autres travaux indispensables ?

— Ce sont les mêmes travaux que ceux donnés à la betterave : éclaircissage à 15 ou 20 centimètres, comme nous venons de le dire, et nettoyage des mauvaises herbes.

295. Quel est le produit d'un hectare de champ planté en carottes ?

— Un hectare de champ convenablement garni de carottes, suivant les distances indiquées, peut contenir environ cent trente mille carottes qui en moyenne donnent un poids de deux mille kilogrammes de racines. Les feuilles sont utilisées au moment de l'arrachage pour nourrir les bestiaux, car ces feuilles sont bien supérieures à celles des betteraves.

296. Qu'appelle-t-on rutabaga ?

— Le rutabaga est une espèce de chou qui nous vient de Suède et dont les racines rondes ou longues, suivant la variété, sont excellentes pour nourrir les bêtes à cornes pendant l'hiver.

297. Dans quel climat et dans quel sol le rutabaga réussit-il ?

— Le rutabaga réussit partout où les raves prospèrent.

298. Quel est cependant le terrain qui lui convient le plus ?

— Le rutabaga donne des produits magnifiques dans les bons terrains d'alluvion ; il est cependant moins exigeant sur la qualité du sol que la betterave, et réussit assez bien dans les terrains légers et peu fertiles.

299. Quelle est la forme des racines du rutabaga ?

— La racine du rutabaga est de forme ronde et quelquefois longue ; les feuilles ressemblent beaucoup aux feuilles de colza.

300. Quelle est la marche de la végétation du rutabaga ?

— La végétation du rutabaga est d'abord très lente ; mais aussitôt que les pluies d'août et de septembre arrivent et que le sol s'est un peu rafraîchi, le rutabaga grossit très rapidement et continue à végéter et à grossir jusque dans les premiers jours de décembre.

301. Quelle est la manière de cultiver le rutabaga ?

— On le cultive de deux manières : la première consiste à faire un semis en pépinière, comme on en fait pour les choux ordinaires, et on repique en juin ; la seconde est un semis en place.

302. Quel choix doit-on faire de ces deux procédés ?

— Si le sol est de bonne qualité et bien meuble, il vaut infiniment mieux le semer en place ; dans le cas contraire, on doit le mettre en pépinière et le repiquer en juin.

303. A quelle époque faut-il semer pour laisser le rutabaga en place ?

— On sème le rutabaga qui doit rester en place dans le courant de mai et même dans la première quinzaine de juin.

304. Si l'on veut faire une pépinière pour repiquer le rutabaga en juin, à quelle époque doit-on semer ?

— Pour former une pépinière il faut semer en mars.

305. Comment doit-on semer le rutabaga lorsqu'il doit rester en place ?

— On doit le semer en ligne et laisser un espace de cinquante à soixante centimètres d'une ligne à l'autre : semer deux ou trois grains à trente ou trente-cinq centimètres de distance sur la ligne.

306. Que doit-on faire ensuite ?

— Trois semaines après le semis, si les grains sont bien levés, on doit procéder à l'éclaircissage, afin de ne laisser que la plus forte plante à la distance indiquée. Puis on donne un léger binage. Ce travail doit être fait avec beaucoup de précautions, car alors les plantes sont encore bien faibles et c'est à peine si on les aperçoit. Trois semaines plus tard on en fait autant, afin de bien nettoyer le sol et enlever toutes les mauvaises herbes. La végétation du rutabaga est très lente et ce n'est qu'après les pluies de septembre qu'elle prend un grand développement.

307. Peut-on enlever les feuilles du rutabaga sans nuire à sa végétation ?

— C'est seulement vers la fin d'octobre qu'on peut enlever à chaque plante deux ou trois feuilles des plus anciennes, et ce n'est qu'au moment de l'arrachage des tubercules qu'on peut les enlever toutes.

308. Comment récolte-t-on le rutabaga?

— La racine du rutabaga étant ronde, il est facile de l'arracher à la main. Cela se fait ordinairement vers la fin de novembre et par un beau temps, afin de laisser sécher les tubercules avant de les rentrer dans le cellier où on doit les conserver.

309. A quel usage est destiné le rutabaga?

— La racine du rutabaga est mangée avec avidité par les bêtes à cornes; elle est très bonne pour l'engraissement et infiniment plus nourrissante que la betterave. Ce tubercule est de même très bon pour la nourriture de l'homme.

310. A quoi servent les feuilles de rutabaga?

— Elles conviennent beaucoup aux vaches et aux cochons et peuvent être comparées sous tous les rapports aux feuilles de choux.

311. Quelle différence y a-t-il entre le rutabaga et le chou-rave, qui est déjà connu depuis longtemps?

— La racine du chou-rave est beaucoup plus petite que celle du rutabaga. Le chou-rave vient très bien dans les terres argileuses et froides, tandis que le rutabaga demande une terre légère, et enfin les produits du chou-rave, soit en quantité, soit en qualité, sont bien inférieurs à ceux du rutabaga et ne peuvent jamais leur être comparés.

312. Qu'est-ce que le chou-navet ?

— Le chou-navet a une racine renflée et les feuilles comme celles du colza. La principale de ses qualités est de supporter de très grands froids sant atténuation ; on en obtient d'assez belles racines en le semant en place et en ligne. On doit toujours éclaircir les plants de manière à ce qu'il y ait une distance de cinquante centimètres d'une plante à l'autre. On peut semer, dès le mois d'avril jusque dans le courant du mois de juin, de un à deux kilogrammes de graines pour ensemencer un hectare sur place.

313. A quel usage est destiné le chou-navet ?

— On le cultive en Allemagne comme plante fourragère, et sa racine y est très appréciée

pour la nourriture des bêtes à cornes. En Angleterre, on lui préfère le rutabaga.

314. Ne sème-t-on pas encore le chou-navet
comme fourrage de printemps ?

— Si l'on veut obtenir un fourrage de printemps avec le chou-navet, voici comment on
procède : Aussitôt après la moisson du blé, on
sème le chou-navet sur un léger labour et à la
volée, et au mois d'avril suivant on obtient un
bon fourrage et très abondant.

315. Dans quelles circonstances est-il utile
de suivre ce procédé ?

— Ce procédé est très utile lorsque le trèfle
semé au printemps dans un froment d'hiver
vient à manquer, alors c'est un moyen facile
de le remplacer pour avoir une belle coupe de
bon fourrage au mois d'avril de l'année suivante.

24e LEÇON
Des Choux.

316. Y a-t-il plusieurs espèces de choux ?
— On en connaît aujourd'hui plus de trente
variétés.

317. Quelles sont les meilleures variétés ?

— La première, destinée à la nourriture du
bétail, est nommée chou-cavalier, soit chou à
vaches. Ce chou est un des meilleurs et des
plus productifs, à raison de son élévation considérable et de l'ampleur de ses feuilles. Viennent ensuite le chou-quintal, le chou d'Alsace,
le chou d'Allemagne, le chou de Strasbourg,
le gros chou cabus blanc, et le chou blanc à
tête plate.

318. Où peut-on cultiver avantageusement
le chou ?

— Le chou peut être cultivé dans toutes les
contrées de l'Europe, mais il préfère les pays
de brouillards et les pays humides.

319. Quelles sont les terres qui conviennent
le plus au chou ?

— Les choux pommés tardifs réussissent
toujours dans les terres où il y a un peu d'argile ; mais ils préfèrent les terrains d'alluvion
et les sols tourbeux desséchés : il faut surtout
que la couche de terre végétale, qu'on appelle
aussi couche arable, soit épaisse ; alors les
racines du chou pénètrent à une plus grande
profondeur et peuvent y puiser l'humidité qui
est indispensable aux feuilles pour qu'elles
puissent se développer rapidement.

320. Quelle préparation doit-on donner au sol ?

— Il faut préparer la terre comme si l'on voulait ensemencer des betteraves. Mais le chou exige une plus grande quantité d'engrais. Dans les terres pauvres, sèches et peu fumées, le chou se développe mal et reste toujours petit.

321. A quelle époque doit-on semer les choux ?

— On sème les choux au printemps pour être repiqués en juin et pour être mangés en hiver. On les sème de même en septembre et octobre pour être repiqués fin avril de l'année suivante et pour être mangés en automne.

322. Quels soins faut-il donner aux choux pendant leur végétation ?

— Il faut leur donner des sarclages, des binages et des buttages.

323. Quels sont les avantages qu'on retire de la culture du chou ?

— Le chou est une nourriture fraîche et abondante pour l'alimentation des animaux et très utile à celle de l'homme. Il faut éviter d'en donner sans mélange aux bœufs de travail, parce que seul il est relâchant ; on doit le réserver pour les vaches et les brebis : car il augmente beaucoup la production du lait, à cause de la grande quantité d'eau qu'il contient.

324. La feuille de chou ne donne-t-elle pas un mauvais goût au lait, lorsque les vaches en mangent beaucoup ?

— On a bien reproché ce défaut à la feuille de chou, mais on a reconnu que si l'on a soin de ne pas donner aux vaches laitières des feuilles qui commencent à pourrir, le petit goût de chou donné au lait est tellement faible qu'il est sans importance pour la bonne qualité du beurre.

325. A quelle distance doit-on repiquer les choux ?

— On place les lignes de soixante à quatre-vingts centimètres les unes des autres et on repique les choux sur la ligne à quarante centimètres de distance de l'un à l'autre. Mais si l'on repique dans de bons terrains d'alluvion, il faut augmenter les deux distances indiquées, de quinze à vingt centimètres, à cause du plus grand développement de chaque chou.

326. Quel moment faut-il choisir pour repiquer les choux ?

— Comme la reprise du chou est difficile quand le terrain est sec, on doit le mettre en place lorsque le temps est couvert ou après une pluie. Si l'on est forcé de replanter par un temps sec, il faut absolument les arroser, à moins cependant que la plantation soit faite dans un terrain d'alluvion qui conserve toujours un peu d'humidité par son sous-sol.

25° LEÇON

Des Plantes à Huile, soit Plantes oléagineuses.

327. Quel nom donne-t-on aux plantes qui donnent de l'huile ?

— On leur donne le nom de plantes *oléagineuses* ou *oléifères*.

328. Quelle est la plante qui donne la plus grande quantité d'huile ?

— C'est le chou-colza, car il donne une grande quantité d'huile qu'on emploit à un grand nombre d'usages.

329. Le chou-colza n'est-il utile que pour sa graine ?

— Le chou-colza offre encore des ressources comme fourrage. Quand on le destine à cet emploi, on le sème à la volée sur un chaume de blé retourné immédiatement après moisson. Quatre ou cinq kilogrammes de graine suffisent pour ensemencer un hectare. On recouvre à la herse. Le plant résiste assez bien à l'hiver et fournit au commencement du printemps un très bon pacage pour les moutons ou du fourrage vert pour l'étable.

330. Dans quel terrain réussit mieux le chou-colza ?

— Il réussit, comme les autres choux, dans tous les terrains, mais il préfère les sols profonds, frais et un peu argileux ; il réussit aussi très bien dans les terres nouvellement défrichées et les terres d'alluvion.

331. Après quelle récolte doit-on le placer ?

— Il réussit après toutes les récoltes, mais non après une récolte de choux.

332. Comment faut-il semer le colza pour en retirer la graine ?

— On le sème ordinairement en pépinière, dans le courant de juillet, afin d'obtenir de beaux plants pour les mettre en place en septembre suivant.

333. Où doit-on faire ce semis en pépinière ?

— Dans une terre fertile, comme dans un jardin, mais après une petite pluie.

334. Comment le plante-t-on et à quelle distance ?

On le plante ordinairement au plantoir et quelquefois à la charrue, mais le plantoir est préférable. La distance doit être de quarante centimètres entre les lignes et de vingt-cinq à trente d'une plante à l'autre ; mais, si la plantation se fait tard, soit en octobre et même en novembre, on rapproche les distances.

335. Quels soins doit-on donner au colza ?

— Des binages et un bon buttage.

336. A quelle époque doit-on récolter ?

— Lorsqu'un tiers des graines sont noires. On met ensuite les plants en javelles et en tas pour laisser achever la maturité.

337. Comment transporte-t-on ces tas lorsqu'ils sont bien secs ?

— On les enlève en passant deux bâtons en dessous et on les dépose sur un chariot garni de toile, afin de ne pas perdre la graine ; ensuite on les bat sur de la toile avec le fléau.

338. Comment conserver la graine ?

— Il faut la laisser une huitaine de jours

étendue dans un endroit bien sec en la remuant
souvent ; ensuite la mettre dans des sacs et en
faire de l'huile le plus tôt possible.

339. N'y a-t-il pas encore d'autres plantes
qui produisent de l'huile ?

— Il y en a beaucoup d'autres, telles que :
1° la *navette*, qui produit moins que le colza,
mais qui est moins exigeante pour le sol et les
soins de culture ; car elle se contente d'un sol
léger, graveleux même, pourvu qu'il soit suffisamment fumé. Il y a deux manières de la
cultiver : l'une, qu'on sème depuis la fin de
juillet jusqu'en septembre, est la navette d'hiver ; elle se récolte en juin ou juillet de l'année suivante. La navette de printemps se sème
ordinairement au printemps, lorsqu'une autre
culture a manqué par suite des intempéries de
l'hiver, jusqu'en fin juin et n'occupe le sol que
deux mois environ ; mais la récolte n'est pas
assurée si le sol n'est pas un peu argileux et
humide. Cette navette de printemps produit
moins que celle d'hiver.

2° La *caméline*, qui n'occupe le sol que fort
peu de temps, comme la navette de printemps.
Elle vient assez bien dans les terres à seigle

de médiocre qualité et de faible profondeur.
On sème la caméline à la volée, et lorsqu'elle
est levée, on ne fait que l'éclaircir pour qu'il
reste environ quinze centimètres de distance
d'une plante à l'autre. On récolte comme pour
le colza. L'huile de caméline est très bonne à
brûler ; elle donne moins de fumée et moins
d'odeur que celle de colza, mais elle ne la vaut
pas sous d'autres rapports.

340. Quelles sont encore les autres plantes
qui donnent de l'huile ?

— La *moutarde blanche et noire*, la *julienne*,
le *pavot*, le *soleil*, le *ricin* et plusieurs autres.

26ᵉ LEÇON

Des Prairies naturelles.

341. Qu'est-ce qu'une prairie naturelle ?

— On donne le nom de prairie naturelle à
une surface de terrain qui produit de l'herbe
pour la nourriture des bestiaux sans exiger
aucun travail et qui est composée d'herbes de
la famille des graminées.

342. Combien y a-t-il d'espèces de prairies
naturelles ?

— Il y en a trois.

343. Que sont-elles?

— 1° Les prairies des montagnes ;

2° Les prairies arrosées ;

3° Les prairies sèches.

344. Quelle différence existe-t-il entre elles?

— Les prairies des hautes montagnes ont l'herbe fine, courte et succulente ; on la fait pâturer sans la couper.

Les prairies arrosées sont celles qui, ayant une légère pente, peuvent être arrosées par une source ou un ruisseau, dont les eaux sont dirigées dans tous les sens au moyen de petites rigoles pratiquées dans le sol. Ces prairies donnent beaucoup de foin long, mais d'une qualité moins nourrissante que celui des prairies sèches.

Enfin, les prairies sèches sont celles qui ne sont arrosées que par les pluies. Ces dernières doivent donc être établies dans des terrains frais et légèrement humides. Si le sol n'est pas trop humide, ces prairies donnent un excellent fourrage pour toute espèce de bétail.

345. Qu'arrive-t-il si le sol est trop humide?

— Si le sol est trop humide, on y voit

croître des joncs et autres plantes de marais.
Alors ces plantes germent dans le sol et com-
muniquent au foin une acidité nuisible à la
santé des animaux ; c'est ce que nous appelons du foin aigre.

346. Toutes les eaux sont-elles bonnes pour
arroser un pré ?

— Celles qui sont trop froides sont crues
et sont plutôt nuisibles. Dans ce cas, il faut
pratiquer au sommet du pré un grand réser-
voir, où l'eau restant exposée au soleil pendant un certain temps, puisse s'échauffer et
s'emparer des principes fertilisants qui sont
dans l'air.

347. Quels sont les meilleurs moyens d'é-
tablir une prairie naturelle ?

— Pour qu'une nouvelle prairie réussisse,
il faut que la terre soit entièrement nettoyée
et purgée de mauvaises herbes. Il est donc
indispensable de commencer par cultiver sur
ce terrain des plantes sarclées et fumées, telles
que du chanvre, des betteraves, des carottes,
des pommes de terre, du maïs, et alors toutes
les mauvaises herbes ont disparu par les sarclages et les buttages.

348. Après cette culture sarclée et fumée que doit-on faire ?

— On donne un labour avant l'hiver. Au printemps, on donne un second labour ; on égalise le terrain avec soin, au moyen de la herse ; ensuite on sème, on passe encore la herse pour couvrir la graine et on fait passer le rouleau.

349. Quelles graines doit-on semer de préférence ?

— Le choix des graines est bien difficile pour les cultivateurs qui n'ont pas quelques connaissances en botanique. Pour obvier à cet inconvénient, il convient de semer de la graine de foin qui sort d'une bonne prairie et qu'on appelle vulgairement *fenasse*. Cette graine, qui est mélangée de plusieurs espèces de plantes, est très bonne, mais il faut la semer très épaisse. S'il sort de mauvaises plantes, il faut les enlever avec soin. Ce sarclage est indispensable aussitôt que l'herbe a huit ou dix centimètres de hauteur.

350. Convient-il de faucher l'herbe la première année d'un semis de prairie naturelle ?

— Il convient de ne pas faucher la pre-

mière année, mais les années suivantes; le
meilleur moment de faucher est celui où le
plus grand nombre des plantes qui forment la
prairie commence à être en fleur. La malheureuse coutume de nos pays étant d'attendre
que la fleuraison soit passée pour exécuter la
coupe du foin, est désastreuse sous plusieurs
rapports et surtout pour une nouvelle prairie,
car la formation de la fleur et celle du grain
ainsi que sa maturation sont trois causes épui-
santes qui nuisent à la bonne végétation des
plantes et empêchent à l'herbe de taller.

27ᵉ LEÇON

Des Prairies artificielles.

351. Qu'est-ce qu'une prairie artificielle ?

— On appelle prairie artificielle un champ
ensemencé en plantes fourragères.

352. Ce genre de prairie est-il bien avantageux ?

— C'est une des plus grandes ressources
de l'agriculture, car c'est au moyen des prairies artificielles qu'on est arrivé à augmenter
le nombre des bêtes à cornes, en donnant les

moyens de pouvoir les nourrir convenablement.

353. Avant la découverte des prairies artificielles n'avait-on pas l'usage de laisser repo-
ser la terre, ce qu'on appelait une jachère ?

— En effet, on laissait la terre inculte
pendant une ou plusieurs années, suivant son
degré d'épuisement. Une bonne partie des
champs restait donc chaque année sans production, et les mauvaises herbes couvraient
tellement le sol que, lorsqu'on voulait les remettre en culture, on était forcé de faire un
véritable défrichement, ensuite faire brûler
toutes ces herbes, ce qu'on appelle *écobuage*. Il
est facile de comprendre la perte énorme qui
résultait de ce mauvais système.

354. Les prairies artificielles ne nuisent
donc pas aux récoltes qui doivent les suivre ?

— Certainement non, puisque toutes les
récoltes en général réussissent parfaitement
après les plantes fourragères légumineuses.

355. Pour quelles raisons les légumineuses
sont-elles favorables aux récoltes qui doivent
les suivre ?

— C'est qu'il est reconnu que les plantes

légumineuses en couvrant le sol de leur épais
feuillage, si on ne les conserve pas pour porter
des graines, et qu'on les enfouisse en partie
après leur dernière coupe, donnent au sol plus
de fertilité qu'elles ne lui en enlèvent, eût-on
fauché deux, trois et quatre fois chaque année,
ce qui arrive pour la luzerne.

356. Quelles sont les plantes dont on forme
les prairies artificielles ?

— Voici les principales : la luzerne, le
sainfoin soit pélagras, les trèfles, les vesces,
la chicorée, le sorgho et plusieurs autres.

357. Quelle est la meilleure manière de
faire consommer les légumineuses aux bestiaux ?

— La véritable manière de faire consommer en vert ou en sec les fourrages légumi-
neux, c'est à l'étable ; car le pâturage de ces
plantes est toujours nuisible aux animaux et les
rend très souvent malades, ce qui arrive si
l'on néglige de prendre de grandes précautions, à cause de la difficulté qu'on éprouve
de pouvoir les rationner convenablement et
éviter par ce moyen la météorisation, soit le
gonflement.

358. Dans quelle circonstance peut-on laisser pâturer une prairie artificielle ?

— Une luzernière, un pélagras, qui sont déjà vieux et à leur fin, peuvent être pâturés sans crainte à cause de la grande quantité d'autres plantes qui ont poussé dans les places vides ; alors le défrichement devient inévitable.

28ᵉ LEÇON

De la Luzerne.

359. Qu'est-ce que la luzerne ?

— La luzerne est de toutes les plantes fourragères la plus productive. Il y en a plusieurs espèces et toutes excellentes pour la nourriture des bestiaux, surtout pour ceux qui sont épuisés par un long et pénible travail.

360. Quelles sont les terres qui conviennent à la luzerne ?

— La luzerne ayant des racines pivotantes qui s'enfoncent profondément dans le sol, exige de bonnes terres franches, plutôt légères et profondes, ni trop sèches, ni trop humides. Les terrains sablonneux et terrains d'alluvion lui conviennent beaucoup ; mais avant tout , pour que les racines puissent s'enfoncer dans le sol, il faut leur en faciliter les moyens par des labours profonds et mieux encore par des défoncements.

361. Quels sont les fumiers qui conviennent à la luzerne ?

— La luzerne redoute les fumiers frais et demande des fumiers bien pourris, soit bien consommés ; elle exige aussi des terres propres et bien nettoyées de mauvaises herbes.

362. A quelle époque doit-on semer la luzerne ?

— On la sème bien quelquefois en septembre, mais il arrive souvent qu'elle n'est pas encore assez forte pour résister aux froids de l'hiver ; il est donc plus sûr de semer dans les premiers jours de mai. On peut mettre dans la luzerne de l'orge ou de l'avoine, mais semée très clair.

363. Quel est le produit de la luzerne ?

— La première année, la luzerne fait peu de progrès ; dès la seconde, elle donne deux coupes et va toujours en augmentant jusqu'à la cinquième année, de telle sorte que dans un bon terrain préparé et bien fumé on arrive à

avoir quatre coupes au moins, et qui donnent
quatre fois plus que la meilleure prairie. Le
père de l'agriculture française, Olivier de
Serres, l'appelait le trésor des champs.

364. Quel moment faut-il choisir pour la
faucher ?

— Quand les deux tiers des fleurs commencent à se montrer.

365. Pourquoi dans ce moment plutôt que
lorsqu'elle est toute en fleur ?

— Quand on attend la fleuraison complète,
une certaine partie est déjà en grain, et le
fourrage perd de sa qualité nutritive. C'est
aussi un grand retard et du temps perdu pour
la nouvelle poussée, soit seconde coupe ; elle
est aussi plus lente à sécher et plus dure sous
la dent des animaux.

366. Quelle est la durée d'une luzernière ?

— Une luzernière bien faite et dans un
terrain convenable peut durer de 10 à 15 ans.

367. Lorsqu'une luzernière commence à
vieillir, quel est le moyen de ranimer sa végétation ?

— Un fort coup de herse au printemps et
du plâtre semé sur les plantes lorsqu'elles arri-

vent à 10 mètres de hauteur. On choisit, pour faire cette opération, le moment où il va pleuvoir ou le lendemain d'une pluie.

368. Quelles récoltes peuvent suivre la luzerne ?

— Lorsqu'on laboure une luzernière, il faut prendre peu de terre et y semer, sans engrais, de l'avoine ou du maïs qui l'un et l'autre donnent des produits magnifiques.

La seconde année, la charrue prend un peu plus de terre, et si la première année a été ensemencée d'avoine, la seconde le sera de maïs. Si c'est du maïs la première année, on y mettra de l'avoine la seconde.

Après cette seconde année on laboure encore un peu plus profond et toujours sans fumier, et on sème du blé.

Enfin, la quatrième année on recommence par une culture sarclée avec fumure et la cinquième année du froment, etc.

369. Peut-on bientôt remettre de la luzerne sur un champ où a été une luzernière ?

— Si la luzernière défrichée a duré douze ans, il faut au moins douze ans de culture variée sur le champ avant de revenir à la luzerne.

370. Quelle quantité de graines faut-il pour un hectare de luzerne ?

— Environ trente kilogrammes par hectare, soit huit à neuf kilogrammes pour l'ancien journal de Savoie.

371. Quels sont les ennemis de la luzerne ?

— Ce sont les mauvaises herbes et principalement la *cuscute*.

372. Qu'est-ce que la cuscute ?

— La cuscute ou teigne a des tiges rameuses, jaunâtres qui rampent sur le sol ; elles entourent et s'attachent aux plantes en les serrant fortement. La cuscute se propage facilement et même rapidement par quelques parties de ses tiges, et elle a la propriété de persister pendant l'hiver au pied des plantes qu'elle a attaquées.

373. N'y a-t-il pas de procédés pour détruire la cuscute ?

— On a donné jusqu'à ce jour plusieurs procédés pour la détruire ou arrêter sa marche envahissante ; les voici :

Couper souvent à ras de terre la luzerne attaquée et enlever avec soin tous les filaments de la cuscute ; brûler de la paille sur l'emplacement de la cuscute, etc.

Mais le moyen le plus certain, le moins difficile et le moins connu, est celui-ci :

Il faut arroser la place envahie par la cuscute avec de l'eau fortement saturée de sulfate
de fer. Ce sulfate étant à très bas prix, il suffit
d'en faire dissoudre quatre à cinq kilogrammes
dans un hectolitre d'eau et se servir de cette
eau pour arroser les emplacements couverts et
détruits par la cuscute. Il est rare que cette
opération répétée deux ou trois fois ne fasse
pas entièrement disparaître cette teigne envahissante : cet arrosage est d'ailleurs très utile à
la végétation de la luzerne comme excitant.

29e LEÇON

Du Sainfoin ou Pélagras.

374. Qu'est-ce que le sainfoin, soit pélagras ?

— Le sainfoin est une plante vivace, de la
famille des légumineuses, et qui donne un excellent fourrage pour les animaux.

375. Connaît-on plusieurs variétés de sainfoin ?

— On en connaît deux variétés : l'une qui

ne donne qu'une seule coupe et un faible regain, et la seconde, bien préférable sans doute,
qui en donne deux. On donne à cette dernière
variété le nom de sainfoin chaud. Cette variété, qu'on nomme aussi esparcette, est plus
vigoureuse, plus forte et plus productive que
le sainfoin ordinaire. Ses tiges deviennent
plus grosses et beaucoup plus longues que l'autre variété. Il faut donc le semer plus épais,
c'est-à-dire qu'il faut au moins quarante-cinq
décalitres pour ensemencer un hectare de
champ.

376. Quelles sont les principales qualités
du sainfoin rustique dit sainfoin chaud ?

— Ce sainfoin résiste plus qu'aucune autre plante fourragère au froid et à la sécheresse.
Ces deux résultats sont très précieux lorsqu'on
veut ensemencer les coteaux élevés, arides et
en pente ; car, tout en produisant un pâturage
fortement abondant et recherché de tous les
animaux, il retient encore les terres et les empêche d'être entraînées par les pluies d'orage.

377. Quels sont les produits et la durée du
sainfoin ?

— Le sainfoin dit esparcette, placé dans

un sol graveleux et profond , peut donner ,
comme nous venons de le dire , deux belles
coupes d'excellent foin. Sa durée moyenne est
de huit à dix ans. Mais, dans les terres plus
fertiles et en plaine , le sainfoin est facilement
envahi par les mauvaises herbes et ne dure pas
aussi longtemps, mais donne des produits magnifiques pendant quatre à cinq ans.

378. Quelles sont les récoltes qui réussissent le mieux après le défrichement d'un
champ de sainfoin ?

— Le sainfoin prépare ordinairement la
terre pour toutes les récoltes. Sa puissance
fertilisante est tellement grande, que les plai-
nes de gravier et complètement incultes ont été
changées en bonnes terres à froment après la
culture du sainfoin, soit pélagras.

379. Convient-il de faire manger le sainfoin coupé en vert.

— Le sainfoin donné aux bestiaux en vert
est sans doute une très bonne nourriture, mais
il est plus avantageux de le faire consommer
en foin sec, et par conséquent de le faucher
lorsqu'il est à moitié en fleurs et le faire sécher.

380. Comment sème-t-on le sainfoin ?

— On le sème, comme la luzerne, au printemps, mais on peut aussi le semer en septembre si le temps est favorable. La graine du pélagras étant plus grosse que celle de la luzerne, il faut un fort hersage pour la recouvrir.

381. Le sainfoin exige-t-il autant d'engrais que la luzerne ?

— Non certainement, et le plus souvent on le sème dans de mauvaise terre et sans engrais, et il y réussit très bien ; mais alors il faut augmenter la quantité de semence, et six hectolitres de graines sont indispensables pour ensemencer un hectare.

382. Quelle est la marche de la végétation du sainfoin ?

— Le sainfoin profite peu la première année ; il est quelquefois trop clair, mais il ne faut pas s'en inquiéter, car il arrive souvent que beaucoup de graines ne germent et ne se développent que très tard et même attendent la seconde année.

383. Faut-il laisser pâturer les bestiaux dans un champ de pélagras ?

— Il convient de ne jamais laisser pâturer les bestiaux dans un champ de pélagras, surtout les moutons, car le collet de la plante se trouvant très rapproché du sol, la dent meurtrière du mouton couperait la plante au-dessous de ce collet ; alors la tige se dessèche et meurt. Il faut donc ne pas laisser pâturer dans le pélagras, sauf une année avant le défrichement. Lorsque le pélagras commence à donner de moins beaux produits, un fort coup de herse au printemps et du plâtre semé sur les tiges la veille d'une pluie lui donnent une nouvelle vigueur, et la récolte de l'année est presque doublée.

30ᵉ LEÇON

Des Trèfles.

384. Qu'est-ce que le trèfle ?

— Le trèfle est la plus précieuse des plantes comme prairie artificielle, pour les cultures à court terme. Le trèfle est de la famille des légumineuses, comme la luzerne et le pélagras.

385. Quelles sont les terres qui conviennent au trèfle ?

— Le trèfle réussit très bien dans les sols un peu argileux et qui contiennent du calcaire.

9

Mais, si l'on veut obtenir de beaux résultats, il faut que le sol soit profond, bien meuble et un peu frais. Le grand trèfle rouge commun est le plus productif. Cette plante a rendu et rendra les plus grands services en contribuant plus qu'aucune autre à la suppression de l'année de jachère et en démontrant qu'elle peut être remplacée avec avantage par une année productive.

386. A quelle époque doit-on semer le trèfle ?

— On sème le trèfle en avril et mieux encore dans les premiers jours de mai. On le sème ordinairement dans un blé ou dans toute autre céréale de printemps.

387. Comment recouvre-t-on la graine ?

— Un simple coup de herse suffit, et cette façon est aussi très favorable au blé.

388. Peut-on le semer dans un blé d'hiver ?

— Certainement ; alors on le sème en avril et l'on profite du moment où l'on fait le hersage des froments, afin de couvrir la graine.

389. Est-il prudent de revenir souvent au semis de trèfle dans le même champ ?

— Il faut au moins mettre un intervalle de

quatre à six ans, si l'on veut obtenir de belles
récoltes de trèfle ; car, en suivant l'assolement
triennal, qui est très souvent vicieux, le sol
finit par être épuisé des substances qui conviennent à la nourriture du trèfle, et cette légumi-
neuse ne donne plus de beaux produits.

390. Que produit le trèfle la première année ?

— Si le temps a été très favorable, on peut
obtenir une petite coupe au commencement
d'octobre, mais cette coupe est peu importante.

391. Quelle coupe obtient-on la seconde
année ?

— L'année suivante, le champ étant uni-
quement destiné au trèfle, on peut faire la première coupe en fin mai.

392. A quoi reconnaît-on qu'il faut couper
le trèfle ?

— Lorsque la moitié du champ est en fleurs.

393. Pourquoi coupe-t-on de bonne heure ?

— Afin de ne pas donner le temps à la graine
de se former, ce qui épuise le sol, et de favoriser la végétation de la seconde coupe.

394. Quel moyen prend-on pour activer la
végétation du trèfle et augmenter son produit ?

— Aussitôt que la plante a dix centimètres

de hauteur, on profite d'un jour où la pluie va tomber pour saupoudrer les plantes avec du plâtre ; les cendres sont aussi très bonnes, mais rien ne peut remplacer le plâtre.

395. Comment convient-il de faire consommer le trèfle aux bestiaux ?

— Il faut le faire consommer en vert.

396. Ne peut-on pas en faire du foin sec ?

— Le trèfle donne un très bon fourrage lorsqu'il a été bien séché et récolté convenablement, mais il est préférable de le faire consommer en vert.

397. Combien de coupes peut-on obtenir ?

— Deux belles coupes et quelquefois une troisième fin octobre ou au commencement de novembre.

398. Quelle est la meilleure coupe pour produire la graine ?

— C'est la seconde, parce qu'elle fleurit plus également que la première et la troisième : cette dernière surtout, étant très tardive, ne pourrait fournir de graines bien mûres.

399. Quelle couleur doit avoir la graine lorsqu'elle arrive à complète maturité ?

— La graine de trèfle se récolte, comme

nous venons de le dire, sur la seconde coupe,
fin août ou commencement de septembre. Sa
couleur varie, car elle peut être jaunâtre, violette, violette-jaunâtre et violette-verdâtre. La
couleur violette est la meilleure ; la graine est
luisante, et, quand elle a pu arriver à complète
maturité, elle est lourde et bien nourrie. Si sa
couleur est brune et terne, c'est-à-dire non
luisante, c'est qu'elle a souffert par l'humidité.
Quand elle a deux ans, elle n'est plus luisante
et prend une couleur rougeâtre.

400. Comment retire-t-on la graine de son
enveloppe ?

— Au moyen du fléau ou des machines à
battre.

401. N'y a-t-il pas une variété de trèfle
qu'on appelle trèfle incarnat ?

— C'est un très bon fourrage, mais il est
moins nourrissant.

402. Quelles sont ses qualités ?

— Il est très précoce et peu difficile pour le
choix du sol. Les frais de culture sont peu
considérables.

403. Donne-t-il plusieurs coupes ?

— Il ne donne qu'une coupe, mais très
épaisse et abondante.

404. A quelle époque peut-on semer le trèfle incarnat ?

— On le sème au mois d'août après une céréale. Si à cette époque de l'année le sol n'est pas dur, il suffit de donner un fort coup de herse pour enterrer la graine ; mais si le sol est ferme et sec, un léger labour devient indispensable.

405. Combien faut-il de graines pour ensemencer un hectare de champ ?

— Il en faut trente kilogrammes environ. Le trèfle incarnat prospère assez bien dans les terres calcaires et sablonneuses.

406. Quelle récolte faut-il placer après le trèfle incarnat ?

— Le trèfle incarnat étant fauché d'assez bonne heure, on peut labourer le champ et y planter des pommes de terre, des betteraves, des choux, semer du sarrasin, planter des haricots, etc. Le trèfle incarnat offre aussi une ressource précieuse pour regarnir un trèfle manqué, en jetant simplement de la graine en gousse sur les clairières, ou au moyen de hersages ou ratissages suffisants si l'on sème de la graine mondée.

31ᵉ LEÇON

Des Vesces et de la Chicorée sauvage.

407. Qu'est-ce que les vesces ?

— La vesce est un très bon fourrage annuel qui a le principal avantage de pouvoir être semé jusqu'en juin sur les terres fortes et fraîches, et d'offrir ainsi une grande ressource si la récolte des prés s'annonce mal. Les vesces réussissent dans tous les terrains, mais elles donnent un fourrage plus abondant dans les terrains argilo-calcaires.

408. Quelle est la qualité du fourrage de vesces ?

— Ce fourrage est très nourrissant et les animaux en sont friands.

409. Coupe-t-on les vesces plusieurs fois ?

— On ne les coupe qu'une seule fois, mais la coupe est très abondante.

410. Comment doit-on préparer le sol pour cultiver les vesces ?

— On peut les semer après une céréale sur un seul labour.

411. Quelle quantité de graines emploit-on par hectare ?

— Il en faut trois hectolitres par hectare , en mélangeant la graine avec un quart de seigle ou d'avoine pour supporter la plante lorsqu'elle se développe ; on recouvre la graine d'un coup de herse.

412. A quelle époque sème-t-on la vesce ?

— On la sème ordinairement à deux époques : la première de février en mai , et la seconde en septembre ou octobre.

413. Les vesces semées en automne, soit les vesces d'hiver , sont-elles préférables à celles semées au printemps ?

— Les vesces d'hiver remplacent la première coupe de trèfles, et celles de printemps remplacent la seconde.

414. Qu'est-ce que la chicorée sauvage ?

— C'est un fourrage très précoce et qui résiste à la sécheresse ; il est fort utile en pâturage ou pour être donné en vert à l'étable. La chicorée sauvage est excellente pour les vaches, semée avec du trèfle rouge par moitié.

415. La chicorée sauvage est-elle une plante annuelle ?

— La chicorée sauvage dure de trois à quatre ans.

416. Quelles sont les terres qui lui conviennent ?

— Ce sont les terres fraîches, profondes et
calcaires.

417. Comment sème-t-on la chicorée sauvage ?

— On la sème comme le trèfle dans une
céréale.

418. Quelle quantité de graines faut-il
pour ensemencer un hectare de champ ?

— Il en faut environ quinze kilogrammes.

32ᵉ LEÇON

Du Sorgho.

419. Qu'est-ce que le sorgho ?

— Le sorgho est une plante qui nous vient
du nord de la Chine et qui a été nouvellement
introduite et propagée dans nos pays, par le
concours de la Société centrale d'agriculture
du département de la Savoie.

420. Comment cultive-t-on le sorgho ?

— On cultive le sorgho comme le maïs. Le
terrain qui convient au maïs convient aussi au
sorgho et il exige les mêmes soins.

Une terre légère et bien meuble, dont le sous-sol conserve un peu d'humidité ainsi que tous les terrains d'alluvion, sont très favorables pour la culture du sorgho.

421. Comment faut-il semer ?

— On peut semer de deux manières, suivant le but qu'on veut atteindre : la première est un semis en lignes et la seconde à la volée.

422. Pourquoi sème-t-on en lignes et quelle distance doit-on conserver d'une ligne à l'autre ?

— On sème en lignes si l'on veut laisser mûrir la canne de sorgho et récolter les graines ; alors il faut espacer les lignes de 60 à 75 centimètres pour obtenir de beaux résultats. On place deux ou trois graines par poquet ; chaque poquet est fait à une distance de 40 à 50 centimètres sur la ligne ; les graines doivent être à une profondeur de 4 à 6 centimètres.

423. Y a-t-il un grand avantage à laisser mûrir le sorgho ?

— Suivant le climat, on y trouve un grand avantage ; mais, d'après les expériences qui ont été faites dans nos pays, il n'y a pas profit

à le faire dans nos pays, car la graine ne
mûrit que très imparfaitement.

424. Comment faut-il le semer dans nos
climats tempérés ?

— Il faut le semer comme plante fourragère et abandonner l'idée de faire du sucre
avec la canne et de laisser mûrir la graine. Le
sorgho, considéré comme plante fourragère,
est d'un très grand rapport. C'est dans les
premiers jours de mai qu'on le sème à la volée,
mais très clair ou bien en lignes beaucoup
plus rapprochées que lorsqu'on veut obtenir
la maturité, 30 à 40 centimètres de distance
d'une ligne à l'autre, et de tailler un espace
de 15 à 20 centimètres d'une plante à l'autre
sur la ligne.

Lorsqu'il est levé, on opère un sarclage et
un éclaircissage, suivant les distances qu'on
vient d'indiquer, et on répète les sarclages si
le temps est propice.

425. A quelle époque de sa végétation
doit-on le couper ?

— Aussitôt que les plantes ont atteint un
mètre de hauteur, il convient de le faucher
comme on fauche le maïs fourrage. Cette

première coupe a lieu ordinairement dans la première quinzaine d'août. Si le temps est un peu pluvieux, la seconde coupe a lieu vers le 15 octobre, et enfin on a quelquefois une troisième coupe avant les froids de l'hiver.

426. Le produit du sorgho comme plante fourragère est donc très considérable ?

— Son produit surpasse tous ceux des autres plantes fourragères.

427. Cette plante convient-elle aux bestiaux ?

— Cette nourriture convient à toutes les bêtes de la culture ordinaire ; elle paraît augmenter la quantité du lait chez les vaches laitières et rétablir les bêtes de l'étable qui se trouvent dans un mauvais état de santé.

428. Comment expliquez-vous ces résultats ?

— Les bœufs et les vaches en sont très friands, car on sait, en effet, que la plupart des animaux recherchent le sucre avec avidité, et comme cette plante en contient beaucoup plus que le maïs, elle leur plaît davantage et les nourrit infiniment mieux.

429. Doit - on revenir souvent dans le

même terrain à un nouveau semis de sorgho?

— Le sorgho étant d'une végétation très vigoureuse et produisant beaucoup, épuise considérablement le sol. On doit donc éviter d'y revenir trop tôt et cela pendant quatre ou cinq ans, et surtout après avoir bien cultivé et engraissé le sol.

33ᵉ LEÇON

De la Fenaison en général.

430. Qu'entendez-vous par fenaison?

— On entend par fenaison l'opération par laquelle on transforme les fourrages verts en fourrages secs.

431. A quelle époque doit-on faucher?

— On doit faucher lorsque les plantes formant les prairies naturelles ou artificielles, sont presque toutes en fleurs.

432. Pourquoi ne pas attendre que l'herbe soit parfaitement mûre, comme cela se pratique encore dans beaucoup d'endroits?

— Le foin qu'on a laissé mûrir sur place prend une couleur jaunâtre qui indique suffisamment qu'il a perdu une bonne partie de ses principes nutritifs et qu'il est, pour ainsi dire, réduit à l'état pailleux.

433. N'y a-t-il plus d'autres raisons à donner ?

— 1° Le retard mis à faucher les prés est une perte de temps considérable, qui empêche au regain de croître et de se garnir avant l'époque des grandes chaleurs. Il résulte de ce système vicieux que la seconde coupe des prairies naturelles est compromise chaque année, et qu'elle est nulle en temps de sécheresse ;

2° En cet état, le foin a perdu toute sa saveur et les bestiaux n'en sont plus aussi friands, de telle sorte qu'on en trouve toujours sous la crèche et sous les pieds des animaux ;

3° Il en est de même des prairies artificielles, car en laissant mûrir la graine on épuise le sol, et la prairie, au lieu de durer huit, dix et douze ans, est complètement ruinée à la cinquième ou sixième année.

434. Doit-on faner immédiatement après le fauchage ?

— Il faut laisser le foin en andains pendant

un jour, et, dans cet état, une pluie ne lui est
point nuisible.

435. Plus tard quel effet produit la pluie
sur le foin presque sec ?

— La pluie lui enlève sa couleur, sa saveur et son parfum.

436. Le lendemain du fauchage que fait-
on ?

— On attend que le soleil ait fait disparaître
la rosée et l'on étend les andains qu'on tourne
et retourne plusieurs fois dans la journée ;
vers le soir on forme des petits tas de ce foin
qu'on appelle en Savoie des *cuchons*. Le foin
ainsi en petits tas s'échauffe facilement et cette
fermentation est nécessaire à la dessication du
foin, car, quelques heures après avoir ouvert
ces petits tas et les avoir laissés exposés au soleil, on peut rentrer le foin sans crainte.

437. Comment reconnaît-on que le foin
est sec ?

— En s'assurant que les tiges ne contiennent plus d'eau, ce qu'il est facile de voir en
tordant les brins les plus grossiers.

438. Comment doit-on procéder pour les
prairies artificielles ?

— Ce genre de prairie étant composé de légumineuses, on doit retourner le foin, mais non le faner.

439. Pourquoi ne pas le faner ?

— Les feuilles minces de ces plantes se dessèchent et se brisent beaucoup plus facilement que les grosses tiges du foin ordinaire ; or, si on fanait ces plantes, toutes les feuilles tomberaient et ne laisseraient qu'un foin de médiocre qualité.

34ᵉ LEÇON

Des Assolements.

440. Qu'entend-on par assolement ?

— C'est l'art de changer les cultures d'année en année pour en retirer constamment le plus grand produit avec le moins de dépenses possible.

441. Pourquoi changer les cultures d'année en année ?

— C'est que chaque famille de plantes puise dans le sol des matières différentes pour se nourrir et se développer. Alors il est évident qu'en mettant plusieurs années de suite la même plante dans le même sol, on finit par l'épuiser de ce qu'il contenait de principes à sa convenance. Cette plante ne peut plus y prospérer, tandis que d'autres plantes d'une autre famille y trouvent encore les principes qui leur sont nécessaires.

442. Que faut-il donc faire pour avoir un bon assolement ?

— Il faut que les agriculteurs en général divisent les terres qu'ils cultivent en plusieurs catégories, de manière à pouvoir y récolter la même année :

1° Du blé, des pommes de terre, des fruits, des légumes, du vin, pour la nourriture de la famille et des ouvriers ;

2° Du foin, des racines, de l'orge, de l'avoine, pour les bestiaux ;

3° Enfin des denrées de vente facile, pour payer les censes et les contributions.

443. Jusqu'à présent nos cultivateurs ont-ils suivi ce système ?

— En général, les principes de cette division des terres et des cultures sont presque méconnus dans les campagnes, et ce n'est que par hasard qu'on change convenablement les différentes cultures,

444. Que résulte-t-il de cette ignorance dans laquelle nous nous plaisons à rester?

— Il en résulte l'épuisement des terres, des récoltes très médiocres, une disette de fourrage et de certains autres produits indispensables à la nourriture des hommes, enfin l'impossibilité de payer les fermages, d'entretenir la famille, et la misère en est la suite inévitable.

445. La division des propriétés en petites parcelles de terre ne présente-t-elle pas un grand obstacle à la régularité d'un bon assolement?

— Il est certain que c'est un obstacle, mais qui n'est pas insurmontable, puisqu'il est assez simple d'assigner à chaque parcelle de terrain la récolte qu'il doit porter au moins quatre ans d'avance, et cela sans déranger l'ordre de l'assolement.

446. Comment faut-il commencer?

— Il faut d'abord reconnaître la contenance des différentes parcelles de terrain qu'on a à cultiver. La moitié du total doit être mise en fourrage; l'autre moitié en blé, cultures sarclées et légumes.

447. Pourquoi mettre la moitié en fourrages ?

— Si l'on a beaucoup de foin, on nourrit un grand nombre de bestiaux ; un grand nombre de bestiaux produit beaucoup d'engrais ; beaucoup d'engrais double la richesse du sol et double par conséquent la production des terres de la seconde moitié des parcelles dont nous venons de parler ; enfin, plus il y a de prairies, moins il faut de bras pour cultiver, et moins il faut de bras, plus il y a de profit.

448. Obtient-on une économie d'engrais en suivant un bon assolement ?

— En suivant un assolement raisonné, un champ convenablement fumé peut produire quatre, cinq et six récoltes sans avoir besoin d'être fumé de nouveau.

449. Comment appelle-t-on ce système ?

— On l'appelle assolement de rotation, ce qu'on explique en disant qu'en partant d'un point d'un cercle comme celui d'une roue, on revient, au bout d'un certain temps, au point d'où l'on est parti, et ainsi de suite.

450. Donnez-nous un exemple d'assolement de rotation de quatre ans : c'est celui qui convient le mieux dans les terrains sablonneux et d'alluvion ?

— 1re année, parcelle n° 1, avec fumure : chanvre, ou pommes de terre, ou maïs, ou betteraves et toutes autres plantes sarclées, pour nettoyer le sol et le préparer à la récolte suivante ;

2e année, même champ n° 1 : froment dans lequel on sème du trèfle au printemps suivant ;

3e année, toujours même champ n° 1 : trèfle ;

4e année, même champ : blé ou avoine.

A la 5e année, on recommence la rotation par une culture sarclée et fumure convenable.

451. Dans les terrains un peu plus argileux, n'obtient-on pas un plus grand nombre de récoltes avec une seule fumure ?

— Après la quatrième année, qui était en froment ou avoine, on peut semer du sarrasin après la récolte du blé et l'enfouir, soit l'enterrer, lorsqu'il commence à fleurir. Alors on peut semer dans ce champ ainsi amendé, pour la cinquième récolte, du seigle ou de l'avoine ; revenir ensuite la sixième année à la fumure et plantes sarclées.

452. Cet assolement conviendrait-il à tous les pays ?

— Cet assolement, bon dans nos contrées, ne le serait probablement pas dans d'autres ; mais ce qui ne varie jamais, dans quelle région qu'on se trouve, c'est qu'il faut toujours commencer par une plante sarclée et bien fumée, pour passer ensuite à la récolte du blé.

35ᵉ LEÇON

De la Vigne.

453. Qu'est-ce que la vigne ?

— C'est un arbuste qui produit le raisin.

454. Qu'est-ce qu'un cep ?

— C'est le pied d'une plante de vigne.

455. Qu'appelle-t-on tige ?

— C'est la partie du cep prise depuis le sol jusqu'aux branches qui ont poussé sur le sommet.

456. Qu'appelle-t-on courson ?

— Les branches qui sortent à l'extrémité de la tige du cep sont taillées plus ou moins courtes, et la partie qui reste s'appelle *courson*, qui dans nos campagnes est appelé *corne*.

457. Qu'appelle-t-on sarment ?

— Ce sont les branches de l'année qui ont poussé sur les coursons.

458. Qu'appelle-t-on branches gourmandes ?

— Ce sont des branches qu'on n'attendait pas et qu'on enlève au moment de l'*épamprage*, appelé dans nos campagnes *ébrottage*.

459. Qu'appelle-t-on crossettes ou chapons ?

— Ce sont des sarments que l'on place en terre, qui prennent racine et reproduisent de nouveaux ceps.

460. Qu'appelle-t-on chapons barbus ?

— Ce sont ces mêmes crossettes ou chapons qui sont garnis de racine au bout de deux à trois ans.

461. Qu'appelle-t-on souche ?

— C'est le cep taillé où l'on a coupé et enlevé des crossettes ou chapons.

462. Qu'entend-on par vrilles ?

— Ces pousses fines et tordues qui sont pour ainsi dire des mains données par la nature et qui paraissent de distance en distance sur les sarments, au moyen desquelles la vigne s'accroche aux échalas ou aux autres corps qui l'entourent.

463. Qu'appelle-t-on *pédoncule*?

— C'est la croissance, soit petite branche qui supporte les feuilles et les grappes de raisins.

464. Qu'est-ce que la grappe?

— C'est le raisin tout entier, y compris les grains.

465. Qu'appelle-t-on *rafle*?

— C'est le raisin auquel on a enlevé tous ses grains; il ne reste plus alors que la *rafle*, que nous appelons très mal à propos grappe.

36ᵉ LEÇON

Des Terrains qui conviennent à la Vigne et des meilleurs Cépages.

466. Quels sont les terrains qui conviennent à la vigne?

— Tous les terrains qui ont trente à trente-cinq centimètres de terre végétale, plutôt légère que forte, et mélangée d'une grande quantité de pierrailles et même de cailloux, conviennent à la vigne. Les terres argileuses où l'on trouve beaucoup de petites pierres peuvent encore être plantées en vignes. Il en sera de même dans les sols où la couche de terre végétale, quoique très mince, se trouve sur un sous-sol de pierres pourries et fendillées, qui n'ont pas une grande épaisseur. Ce genre de terrain est très favorable à la vigne, principalement pour la qualité du vin, qui y est supérieure.

467. Pourquoi la qualité du vin est-elle supérieure dans ce genre de sol ?

— C'est que, d'après l'ancien système de cultiver la vigne, si l'on veut obtenir un vin fin et délicat, il faut la planter dans un sol où les racines puissent se développer en largeur et peu en profondeur ; car, partout où les racines pivotantes peuvent s'enfoncer profondément en terre, la vigne donne des rameaux très longs, forts et vigoureux. Or, les raisins se trouvent privés de soleil, ce qui n'arrive pas dans une vigne dont les sarments ont tout au plus de quarante-cinq à soixante centimètres de longueur, ce qui facilite la maturation des raisins, puisque dans ce cas ils reçoivent les rayons du soleil et sont soumis aux influences bienfaisantes de la chaleur et de l'air atmosphérique.

468. Comment peut-on obtenir les mêmes résultats dans des terrains plus riches et plus profonds ?

— En cultivant la vigne en lignes et en espaçant les ceps d'un mètre au moins en tous sens.

469. Quels sont enfin les meilleurs terrains pour la vigne ?

— Ce sont les terrains calcaires et légèrement sablonneux ; dans tous les autres sols il faut éviter l'excès d'humidité, soit dans le sol, soit dans l'atmosphère, qui, en tous lieux, est défavorable à la vigne.

470. Quelle est la meilleure exposition pour cultiver la vigne ?

— Une légère inclinaison au midi lui est très favorable.

471. Les terrains en pente sont-ils préférables ?

— On a remarqué que les terrains en pente sont préférables aux autres, afin que la vigne puisse recevoir plus facilement les rayons du soleil.

472. Quels sont les cépages les plus répandus en Savoie ?

— 1° La petite et grosse mondeuse, appelée dans le département de l'Isère *persagne* ;

2° Le persan donne d'excellent vin ;

3° Le crossin, connu dans le vignoble de Cruet, produit de très bon vin ;

4° Le hibou, sujet à la coulure à l'époque de la fleuraison, donne du vin très médiocre ;

5° La douce-noire produit beaucoup, mais de mauvais vin.

6° La mondeuse blanche, le redin dit sarvagnin, le plant d'altesse, tous raisins blancs, donnent de très bons vins.

473. Quels sont les cépages qu'il conviendrait d'introduire dans nos vignobles ?

— En première ligne nous citons les pineaux pour produire les meilleurs vins et le petit gamai pour les vins ordinaires.

474. Quel choix faut-il faire lorsqu'on plante une vigne ?

— Il faut toujours choisir les cépages les plus fins ; car, en les cultivant suivant les nouveaux procédés, on obtient des récoltes aussi abondantes, plus riches en alcool et d'une plus grande valeur qu'avec les vignes à plants grossiers, tels que la douce-noire, le hibou et les gamais.

37ᵉ LEÇON

Plantation de la Vigne.

475. Comment plante-t-on la vigne ?

— On la plante de trois manières :

1° En treillages élevés dits hautins ;

2° En treillages moyens ;

3° En culture basse.

476. Quelle est celle des trois manières indiquées qui produit le meilleur vin ?

— C'est la plantation en lignes basses.

477. Indiquez-en les raisons ?

— C'est que la vigne, étant taillée d'une autre manière, ne s'élève pas et donne moins de bois ; le raisin y est donc moins à l'ombre et, étant plus rapproché du sol, est soumis à une plus grande chaleur et mûrit plus complètement.

478. Quel procédé convient-il de suivre pour planter la vigne ?

— Il faut d'abord se procurer des sarments des meilleurs cépages et qui donnent aussi le meilleur vin : c'est au moment de la taille des vignes qu'il est facile de s'en procurer. Le terrain étant défoncé d'avance et à une profondeur de cinquante centimètres au moins, on trace sur ce terrain bien nivelé des lignes à un mètre de distance l'une de l'autre, et, au moyen d'une presse en fer de quatre à cinq centimètres de diamètre, on fait des trous d'une profondeur de trente centimètres et placés sur la ligne à une distance d'un mètre les uns des autres. On place dans chacun de ces trous un sarment bien choisi et bien vert. On remplit le petit trou avec de la terre fine, ou du terreau et même du sable. On serre cette terre fine au moyen d'un petit piquet très mince, afin que le sarment soit parfaitement entouré dans toute sa longueur ; ensuite on presse avec les pieds la surface du sol autour de chaque sarment planté et l'on taille à un œil au-dessus du sol.

479. Quel est le moyen le plus sûr de planter une vigne ?

— C'est de ne planter que des plants enracinés.

480. Comment peut-on se procurer des plants enracinés ?

— On s'en procure en plantant des sarments en pépinières.

481. Quel terrain faut-il choisir pour faire une pépinière ?

— C'est un terrain frais et généreux ; les lieux humides, où l'on évite avec soin de placer la vigne à fruits, doivent toujours être préférés pour les pépinières.

482. Comment doit-on préparer le terrain pour une pépinière ?

— On doit le labourer à trente centimètres de profondeur dans le courant de l'hiver, afin qu'il soit bien retourné et bien nivelé au moment de la plantation.

483. Comment se fait la plantation ?

— On ouvre à la bêche et au cordeau un petit fossé de 0.25 de profondeur sur 0.25 de largeur, en conservant un petit talus sur un côté. On place les boutures sur le talus en les couchant dans toute la largeur du fossé, en leur laissant dépasser le cordeau de 0.06 à 0.10 hors de terre et à une distance de 0.025 les unes des autres.

484. Comment doit-on combler le fossé ?

— On recouvre le sarment de 0.02 à 0,03 de terre végétale, et un ouvrier portant du fumier ou du terreau dans un panier distribue

ce fumier dans le fond du fossé et le recouvre
ensuite avec la terre qui en a été extraite. On
serre et piétine fortement cette terre, afin de
sceller les sarments dans le sol et qu'il n'y ait
point de vide autour du sarment. On trace la
seconde ligne en remplissant le fossé qu'on
vient de planter et les nouvelles boutures sont
à 0,25 de la première ligne, et ainsi de suite.

485. Que faut-il faire ensuite ?

— On rogne toutes les boutures sur l'œil le
plus près de terre.

486. A quelle époque peut-on arracher ces
nouveaux ceps pour les replanter à demeure ?

— Le plant doit être replanté après sa
deuxième année. C'est l'époque la plus convenable, car les racines sont suffisamment
développées et robustes.

487. Quels soins doit-on donner à une pépinière ?

— On doit faire des sarclages fréquents,
afin que la terre ne présente aucune herbe qui
arrête ou absorbe les rayons du soleil. Au
mois d'avril suivant, à l'époque de la taille, on
ne laisse qu'un seul sarment rogné à un seul

œil. On ébourgeonne avec soin pour ne laisser que le sarment principal.

488. Après les deux ans de pépinière, comment doit-on arracher ces jeunes ceps enracinés ?

— On doit les arracher avec précaution et ne jamais tirer le plant. On doit le soulever par un coup de bèche profond, et, par ses mouvements de va et vient, on amène la terre et le chevelu à la surface du sol.

489. Le sol étant défoncé d'avance et après avoir tracé les lignes à un mètre de distance, comment doit-on planter ?

— Les lignes étant tracées du nord au sud, on creuse un petit fossé de 0.30 de largeur sur 0.25 de profondeur, de mètre en mètre, et on place un plant enraciné dans chacun d'eux, on étend soigneusement les racines dans ledit fossé, on les recouvre de 0.03 à 0.04 de terre ; on met du bon fumier dessus et on remplit le fossé avec la terre qui en était sortie. On serre fortement la terre et on rogne à un œil au-dessus du sol.

490. Quels soins faut-il donner à ces nouveaux ceps ?

— Il faut les sarcler souvent et répéter ces sarclages aussi souvent que possible, pour qu'il n'y ait jamais de mauvaises herbes. On doit choisir de préférence un temps sec pour opérer ces sarclages.

491. L'année suivante, comment doit-on tailler ces jeunes ceps ?

— De mars en mai, et mieux en mai ; on procède à la taille, on coupe à ras de la petite souche tous les sarments, sauf un seul, le plus vigoureux et le plus près de terre, et on rogne ce sarment en lui laissant seulement un œil franc : il en est de même pour la troisième année.

492. Comment doit-on labourer la vigne en général ?

— Il faut éviter en labourant que la pioche ne vienne froisser les petites racines qui se trouvent à 0.10 et 0.15 de profondeur au-dessous du sol, et qu'on appelle *chevelu supérieur*, car ce chevelu, soit petites racines fines et déliées, paraît être indispensable à la formation et nourriture du fruit. Comme le dit fort bien M. Jules Guyot, sauf l'enfouissement des fumiers, qui nécessite des mouvements de terre,

toutes autres cultures de la vigne n'ont d'autre
but que l'entretien de la propreté et l'azotage
de 0.04 à 0.05 de profondeur ; la culture en
dehors de ces deux buts n'a aucune importance
pour la vigne, qui s'accommode mieux d'une
terre ferme et foulée que d'une terre légère et
souvent remuée.

493. A quelle profondeur faut-il donc
labourer la vigne ?

— A 0.04 ou 0.05 de profondeur.

38ᵉ LEÇON

Théorie de la Taille de la Vigne et Provignage.

494. Quelle est la nouvelle théorie de la
taille de la vigne ?

— D'après la science et la pratique, on a
reconnu que plus les bourgeons s'élèvent vers
l'extrémité du sarment, plus l'embryon du fruit
y est vigoureux et mieux il est conservé. Or, si
on taille à deux yeux, comme on a la vicieuse
coutume de le faire, le vigneron est assuré de
jeter bas sa plus belle récolte.

495. Pourquoi les bourgeons inférieurs, qui
sont les seuls qui soient conservés par l'ancien
système, sont-ils si souvent stériles ?

— C'est, dit le célèbre viticulteur déjà cité,
M. Jules Guyot, c'est la rigueur de la saison
d'automne et d'hiver qui stérilise les bourgeons
inférieurs des sarments, et c'est la serpette du
vigneron qui jette bas la récolte échappée aux
intempéries.

496. Pour conserver les meilleurs bourgeons, comment faut-il opérer la taille ?

— Chaque cep de six à huit ans peut produire de quatre à six sarments d'un mètre de
longueur ; il s'agit d'abord d'en abattre le plus
grand nombre et d'en conserver *seulement deux*.

497. A quelle époque faut-il abattre ces
sarments ?

— En février ou commencement de mars :
c'est ce qu'on appelle la *taille sèche*.

498. Comment taille-t-on les deux sarments
conservés et à quelle époque ?

— Un des sarments conservés, soit le plus
rapproché du sol, sera taillé à deux yeux : c'est
ce sarment que nous appelons branche à bois ;
l'autre sera étendu à une grande longueur,
et, mieux encore, dans toute sa longueur : c'est
le sarment que nous appelons branche à fruit.
Cette branche à fruit est étendue à 0.15 au-

dessus du sol et attachée à un piquet de 0.40 à 0.50 de haut. La taille de la branche à bois aura lieu tard en saison, le plus tard possible, si l'on veut savoir ce qu'on fait. Afin d'être plus précis, nous dirons qu'on ne doit faire cette seconde taille que du 15 avril au 30 mai.

499. Cette seconde taille si tardive ne nuit-elle en rien à la vigueur de la vigne, et les pleurs qui sortent alors en abondance n'épuisent-ils point le cep ?

— On ne doit pas craindre les pleurs de la taille ; ils n'épuisent la vigne en aucune façon : l'eau qui coule alors en abondance n'est point la sève, « c'est, dit encore M. Guyot, le ruisseau où chaque bourgeon puise en passant, selon ses besoins, les éléments de la sève. Les pleurs de la vigne prouvent simplement que les organes irrigateurs fonctionnent et qu'ils fonctionnent bien. »

500. Pourquoi attendre si tard pour faire cette taille ?

— C'est après la sortie de tous les bourgeons qu'on doit tailler ; on peut alors, à son aise, choisir tous les fruits et n'en laisser que la quantité convenable et proportionnée à la force

du cep, comme cela se pratique d'ailleurs pour
d'autres arbrisseaux à fruits.

501. La branche dite à fruit que devient-
elle l'année suivante ?

— Cette branche à fruit doit tomber tout
entière l'année suivante ; mais il faut pourvoir
à son remplacement par un sarment vigoureux,
et c'est la branche à bois taillée à deux yeux
qui fournit l'année suivante une nouvelle branche à fruit et une autre qui sera taillée à deux
yeux pour servir de nouvelle branche à bois,
et ainsi de suite, sans nuire en rien à la régularité de la conduite de la vigne.

502. Les bourgeons de la branche à fruit
arrivés à une certaine longueur, que doit-on
faire ?

— Il s'agit d'opérer un pinçage sur tous
lesdits bourgeons, sans en laisser un seul
s'étendre en un long bois inutile.

503. Comment faut-il pincer et à quelle
époque ?

— Le premier pinçage doit être pratiqué
aussitôt que deux petites feuilles se sont développées au-dessus de la deuxième grappe. Cette
indication est d'ailleurs précise et ne laisse

aucune incertitude sur le meilleur moment de pratiquer le pinçage en tous pays. Les autres pinçages se font aux sous-bourgeons au moment de l'épamprage, afin de ne jamais laisser la sève se perdre en produisant des pampres inutiles.

504. Quels sont encore les autres avantages de la taille tardive de la vigne?

— Les ceps soumis à la taille tardive ont des bourgeons dont la végétation est retardée de près de quinze jours ; la blanche gelée est bien moins à craindre et la floraison étant aussi retardée, on a encore une garantie contre la coulure des fruits, car la température devient toujours plus chaude et moins variable.

505. Les bourgeons de la branche à bois doivent-ils être pincés?

— Les bourgeons de la branche à bois doivent être précieusement conservés dans toute leur longueur, puisqu'ils doivent fournir la branche à fruit et la branche à bois de l'année suivante.

39ᵉ LEÇON

Du Provignage et du Couchage.

506. Qu'appelle-t-on provignage et couchage ?

— Le provignage consiste à coucher un
sarment d'un cep, en choisissant le plus long
et le plus rapproché du sol. On l'enterre dans
un petit fossé, on fume, on recouvre de terre
et on taille à deux yeux au-dessus du sol.

507. Quel avantage trouve-t-on en provi-
gnant ?

— C'est que, tout en remplissant une place
vide avec ce sarment provigné, on conserve la
souche-mère, qui, de son côté, végète et produit comme auparavant. Ce n'est que l'année
suivante qu'on peut séparer le sarment couché
de la souche-mère, et pour cela on ne fait que
le couper à quelques centimètres au-dessous
de la surface du sol et en taillant le vieux cep
comme à l'ordinaire. Ce provin a eu le temps
de s'enraciner, et il donne immédiatement de
beaux raisins. Ce genre de provin est connu
depuis très longtemps ; mais, au lieu de les

laisser en place, on les arrachait pour les ven-
dre ensuite comme plants enracinés.

508. Convient-il de les laisser sur place
après les avoir séparés de la souche-mère?

— C'est un moyen excellent de remplacer
un vide, si l'on n'a pas une pépinière qui four-
nisse des plants enracinés.

509. Qu'appelez-vous couchage?

— On appelle couchage une opération par
laquelle on couche un vieux cep dans un fossé
de 0.50 au moins de longueur sur 0.30 de largeur et 0.30 de profondeur. On doit cependant
coucher le cep à plus ou moins de profondeur,
suivant la qualité du sol. Le vigneron tient un
pied sur le cep couché et arrange les branches
dans les coins du fossé, mais toujours à une
distance trop rapprochée : Mais c'est la coutume, disent les vignerons. Les branches ainsi
placées sont fixées à des échalas ; le vigneron
prend de la terre sur le bord du fossé et en met
0.05 environ sur le corps du cep et les rameaux
couchés. Ensuite on remplit les deux tiers du
fossé avec de bon fumier, puis on finit de le
combler avec la terre qui est restée sur les
bords. Les sarments qui remplacent le vieux

cep sont taillés à deux yeux au-dessus du sol.
Ces deux opérations se font ordinairement en
mars et avril.

510. Pourquoi provigner et coucher ?

— C'est pour rajeunir une vieille vigne et
garnir les places vides. Car un vieux cep ainsi
couché peut fournir deux ou trois provins qui
garnissent la place occupée par un seul vieux
cep.

511. Ce système n'est-il point nuisible à la
qualité du vin ?

— Tous les genres de provignage sont nuisibles à la qualité du vin, car les nouveaux
colliers de racines qui se forment font affluer
les liquides par ces nouvelles aspirations, et les
racines-mères se paralysent en proportion. Or,
le vin obtenu dans une jeune vigne n'étant
jamais aussi bon que dans une vieille, il ne
faut jamais provigner si l'on veut du bon vin.

512. Dans quelle circonstance peut-on provigner ?

— Si l'on veut éviter d'arracher une vieille
vigne pour la planter en lignes et la cultiver
suivant la nouvelle méthode, c'est-à-dire espacer les ceps d'un mètre, on peut coucher

tous les ceps en traçant les lignes et arracher ceux qui se trouvent dans les intervalles. En suivant ce procédé, on peut facilement conserver la branche à bois et la branche à fruits, lorsque les provins sont arrivés à la troisième année ; mais il faut cesser le provignage et fumer convenablement les ceps pour les maintenir dans un état satisfaisant de végétation.

40ᵉ LEÇON

Amendements et Engrais nécessaires à la Vigne.

513. Quels sont les engrais qui conviennent le plus à la vigne ?

— Le fumier de ferme est généralement l'engrais le plus sûr.

514. Quelle quantité de ce fumier faut-il à chaque cep et par an ?

— Deux kilogrammes de fumier par cep et par an suffisent à entretenir la vigne dans un état très convenable de végétation et donner au cep une vigueur suffisante pour lui faire produire un très beau bois et vingt grappes au moins de cinquante graines chacune en moyenne.

515. Plusieurs grands viticulteurs n'ont-ils pas assuré que la fumure des vignes avec les fumiers d'écurie portait préjudice à la qualité des vins ?

— Il est vrai que cette idée a été assez généralement répandue, mais on reconnaît aujourd'hui qu'il faut fumer les vignes avec le fumier en nature pour assurer aux vins leur quantité et leur qualité normales, en prenant cependant la précaution de porter le fumier et de l'enfouir après la vendange et avant la végétation suivante.

516. Où doit-on placer et enfouir le fumier ?

— On ouvre de profonds sillons entre les lignes et on le recouvre de quinze centimètres de terre au moins. C'est en faisant ce travail qu'on reconnaît l'importance de cultiver les vignes en lignes, ce qui facilite le transport du fumier et rend l'opération du recouvrement si rapide. Il faut cependant prendre la précaution de creuser ces sillons à distance de vingt-cinq centimètres au moins du pied du cep, afin de garantir son chevelu supérieur.

517. Pourquoi ne fume-t-on pas le pied du cep et près de la surface du sol ?

— C'est qu'il y aurait un double inconvénient à le faire : le premier, c'est que les mauvaises herbes s'y développeraient en quantité
et avec rapidité ; le second, qui est des plus
importants, c'est que le chevelu supérieur de
la vigne serait attiré vers la surface engraissée,
qu'il s'y développerait avec énergie, et au premier sarclage il y serait mutilé et exposé à la
sécheresse et aux ardeurs du soleil, qui le flé-
triraient et le tueraient. C'est ce qui arrive
dans beaucoup de vignes lorsqu'on laboure
profond, et alors elles prennent une couleur
jaunâtre et ont une végétation rachitique.

518. Quels sont les autres engrais qui conviennent à la vigne ?

— Ce sont les engrais végétaux.

519. Comment prépare-t-on ces engrais
végétaux ?

— C'est un mélange de rafles de raisins au
sortir de l'alambic, avec de la paille de maïs,
de la laiche, qu'on appelle dans nos campagnes
de la blache, des roseaux, des buis, des feuilles
de vigne, des plantes et herbes de toute espèce,
de la terre sortie de canaux d'irrigation et
autres, de la suie, des cendres, etc. ; on fait un

lit de paille, un lit de rafles, un lit de terre, un lit de feuilles et d'herbes, et ainsi de suite.

520. A quelle époque faut-il faire ce mélange.

— On prépare cet engrais en octobre et novembre, au moment où l'on fait les eaux-de-vie de marc, afin de pouvoir mélanger ce marc tout bouillant en sortant de l'alambic. Si le temps est sec, on arrose le tas avec de l'eau ou, ce qui est infiniment mieux, avec du purin d'écurie, afin de rendre l'engrais plus actif et empêcher la moisissure.

521. Doit-on choisir les engrais suivant les qualités du sol ?

— On doit agir pour la vigne comme nous l'avons déjà indiqué pour les terres labourables, c'est-à-dire le fumier de vache, qui est le plus frais et le plus humide, convient principalement aux terrains calcaires et pierreux, car, lorsqu'il est bien consommé, il leur donne une humidité dont ils sont dépourvus. Les fumiers chauds et pailleux conviennent aux terrains froids, humides et argileux.

522. Quels sont les amendements les plus utiles à la vigne ?

— Ce sont les terrages. Il faut, autant que possible, apporter des terres prises dans les vallées ou bas-fonds où elles ont été entraînées par les pluies. Si la vigne est plantée dans une côte rapide, la terre finit par être entraînée à sa base, et, si on ne la reporte pas au sommet, il est évident que cette partie supérieure finira par ne plus pouvoir végéter.

41ᵉ LEÇON

Des Labours et Binages.

523. A quelle époque doit-on labourer la vigne?

— Fin avril et commencement de mai.

524. N'y a-t-il pas des vignerons qui commencent à labourer les vignes en février et mars?

— C'est une coutume vicieuse dont il faut bien se garder de suivre l'exemple.

525. Pourquoi l'appelez-vous coutume vicieuse?

Parce que le labour des vignes à une époque où le soleil est encore peu chaud et les pluies d'avril serrant le sol d'une manière extraordinaire, il se forme à sa surface une couche de terre dure et imperméable à l'air atmosphérique, et les herbes n'ayant pas encore eu le temps de pousser, leur destruction est impossible.

526. A quelle profondeur doit-on donner le premier labour ?

— A quatre ou cinq centimètres seulement.

527. Pourquoi donner si peu de profondeur au labour ?

— C'est que toutes les cultures de la vigne n'ont pour but que l'entretien de la propreté et l'azotage de quatre à cinq centimètres de terre, et, comme le dit très bien le savant viticulteur Jules Guyot, « la culture, en dehors de ces deux buts, n'a aucune importance pour la vigne, qui s'accommode mieux d'une terre ferme et foulée que d'une terre légère et souvent remuée. »

528. N'obtient-on pas encore un autre avantage en ne labourant pas profond ?

— On garantit le chevelu supérieur du cep, ce chevelu étant reconnu indispensable à la nourriture du raisin et à son prompt développement.

529. Quel moment faut-il choisir pour donner ce premier labour ?

— Comme ce labour, qu'on peut appeler un sarclage, doit être répété quatre, cinq et six fois dans l'année, pour maintenir le sol dans un état complet de propreté, ces binages ne doivent jamais être faits quand le sol est assez mouillé pour s'attacher aux pieds et aux instruments. On ne doit jamais entrer dans les vignes et y travailler à la suite de pluies abondantes, il faut toujours attendre que le sol soit ressuyé. Il ne faut jamais piocher, bêcher ni biner la vigne par les gelées fortes ou faibles. Il faut donc attendre que la période des gelées blanches soit passée, afin d'éviter le gel des bourgeons déjà poussés, ce qui arrive facilement lorsque le sol a été nouvellement remué.

530. Quelle est la plante la plus nuisible à la vigne et la plus difficile à détruire ?

— C'est le gramen, appelé vulgairement gramon.

531. Connaît-on le moyen de détruire le gramen sans être obligé de labourer profond ?

— Pour détruire le gramen, il faut faire un binage au moment de la sève d'août. Le col

du gramen se trouve presque à la surface du
sol, et, en le coupant à quatre centimètres au-
dessous du collet à cette époque d'augmentation dans le mouvement séveux, il est certain que la sève du gramen sort avec abondance du col de la plante ainsi coupée, et le
gramen, quoique plante pivotante, se dessèche
et meurt. Il est rare qu'en suivant ce procédé
deux ans de suite, il reste un seul gramen dans
une vigne qui en était infestée.

532. Quelles précautions convient-il de
prendre lorsqu'on donne ce binage à l'époque
de la sève d'août?

— Il faut faire ce binage par un temps
couvert; car, si le soleil est trop ardent, les
raisins, surpris par une trop grande chaleur
dans un moment où ils n'ont pas encore atteint
leur grosseur normale, se resserrent et ne peuvent plus se développer. On doit aussi éviter
soigneusement de toucher aux raisins avec
l'instrument dont on se sert pour faire ce binage, car le moindre frottement ou le contact
d'un corps dur sur les grains de raisin y laisse
une tache noirâtre qui les empêche de mûrir;
la partie du grain ainsi touchée s'endurcit et

le grain éclate lorsqu'il continue à se développer : la pourriture s'ensuit. Il est alors bien
évident que tous les sarclages et binages sont
infiniment plus faciles dans une vigne plantée
en lignes que dans celles plantées en foule,
comme elles le sont encore dans nos pays.

42ᵉ LEÇON

Des Hautins et autres Treillages.

533. Qu'est-ce que les hautins ?

— Ce sont de jeunes ceps qu'on laisse monter, lorsqu'ils ont quatre à cinq ans, sur une
perche ou un fil de fer placé à un mètre au-
dessus du sol. On lie un des sarments sur ledit
fil de fer, qui est cloué contre des pieux en
châtaignier plantés de distance en distance, et
dont la hauteur totale est de deux mètres au-
dessus du sol. C'est parfaitement le système
d'une branche à fruits et d'une branche à bois,
mais seulement, au lieu de couper entièrement
la branche à fruits, comme on doit le faire dans
la vigne basse et sur souche, on la laisse un peu
s'étendre en conservant chaque année des coursons qui produisent une nouvelle branche à

12

fruits, dont on fait un archet, et une branche
à bois pour remplacer l'archet l'année suivante,
et ainsi de suite. On évite, par ce moyen, de
laisser monter le vieux bois jusqu'à la seconde
traverse, ce qui arrive en suivant l'ancien
système.

534. Comment doit-on fixer et lier ces
archets ?

— L'archet est lié à un échalas qui est fixé
au fil de fer de la première traverse, dont nous
venons de parler, et à une seconde perche ou
fil de fer placé à 0.50 au-dessus de la première.

535. Quels soins faut-il encore donner aux
treillages ?

— Vers la fin de juin, il faut relever toutes
les branches qui retombent, les lier avec de la
paille à la seconde traverse, en évitant de les
lier en gros paquets, mais bien en les étendant
en éventail autant que possible.

536. Pourquoi relever et lier ces pampres ?

— C'est pour laisser les raisins à l'air et au
soleil, seul moyen de faciliter leur maturation
et rendre le vin meilleur.

537. Qu'appelle-t-on treillages moyens ?

— Ce sont de petites treilles d'un mètre d'élévation, ayant deux fils de fer pour traverses, le premier placé à 0.25 et le second au sommet des petits pieux qui les soutiennent ; ce genre de treillage se cultive comme les premiers, soit en archets soit en cordons, et les rameaux de l'année s'attachent au fil de fer supérieur.

538. Quel avantage trouve-t-on à ce genre de treillages ?

— On obtient une économie de bois, puisque les piquets, au lieu d'avoir trois mètres de longueur, n'ont qu'un mètre cinquante centimètres ; une maturité des raisins beaucoup plus complète, puisqu'ils sont plus rapprochés du sol ; on a bien moins d'ombrage dans un champ, à cause du peu d'élévation de ce genre de treillage, et par conséquent on obtient de plus belles récoltes entre leurs lignes ; enfin il y a économie dans la durée et l'entretien, puisque le vent a beaucoup moins d'action sur ces petits treillages que sur les treillages plus élevés.

539. N'a-t-on pas encore l'ancienne cou-

tume de faire grimper des ceps sur des arbres
vifs ?

— C'est un ancien usage qui chaque jour
tend à disparaître. Voici comment on procède :
au lieu de construire un treillage en bois mort,
comme nous venons de l'expliquer, on fait
grimper des ceps sur des arbres essence érable ;
les sarments courent sur les branches en retom-
bant en saule pleureur, et les raisins qu'ils produisent, ne recevant que très peu les rayons du
soleil, ne sont jamais bien mûrs. Ce moyen, qui
paraît économique à nos cultivateurs routiniers,
est cependant déplorable sous tous les rapports,
car le vin est très mauvais et ne se conserve pas ;
les récoltes du champ où se trouvent ces hautins
souffrent énormément de l'ombrage et des racines de l'érable. Donc cette coutume est
vicieuse, et il faut l'abandonner.

43ᵉ LEÇON

Du Palissage, Échalassage, Épamprage, Effeuillage et Rognage.

540. Qu'est-ce que le palissage ?
— Le palissage est l'opération par laquelle
on fixe les sarments et les pampres des ceps

soit à un échalas, soit à une ligne de fil de fer.

541. Est-il bien important de fixer d'une manière solide les sarments et les pampres de la vigne ?

— On a reconnu que les fruits d'une vigne bien soutenue et bien palissée sont plus beaux et meilleurs que ceux d'un cep abandonné à lui-même.

542. A quelle époque convient-il de palisser ?

— Le premier palissage doit se faire à l'époque de la taille sèche, en attachant les sarments et les broches, puis on lie les pampres verts qui en sortent à mesure qu'ils se développent et qu'ils ont atteint le fil de fer supérieur, aussitôt après le pinçage indiqué dans la 38e leçon, paragraphes 505 et 506.

543. Qu'appelle-t-on échalassage ?

— C'est le placement des échalas. Chaque cep doit avoir son échalas, afin de pouvoir le fixer convenablement et y lier les bourgeons de la branche à bois. Ce liage se fait ordinairement en fin juin, mais il faut éviter de trop serrer les pampres les uns contre les autres en un gros paquet, afin que l'air puisse un peu pénétrer entre les rameaux.

544. Après l'échalassage et le palissage que doit-on encore faire ?

— On épampre, et c'est ce que nos vignerons appellent *ébroter*.

545. Comment doit-on faire cette opération ?

— On enlève les bourgeons qui sont mal placés et qui quelquefois sortent au pied du cep. Il est évident que si on néglige de les enlever, on porte un grand préjudice aux bourgeons de la branche à bois et de la branche à fruits, puisque la sève aurait encore à nourrir des branches inutiles.

546. Qu'entendez-vous par effeuillage ?

— L'effeuillage consiste à enlever les feuilles qui cachent les raisins et leur empêchent d'être à l'air et au soleil.

547. A quelle époque peut-on effeuiller sans danger ?

— Aussitôt que les grains de raisins commencent à prendre une légère couleur rose, soit, dans nos climats, du 15 au 20 août.

548. Pourquoi attendre à cette époque ?

— Si l'on commençait plus tôt, le grain de raisin n'ayant pas encore atteint sa grosseur complète, une chaleur trop vive frappant ces raisins au moment de leur plus grand développement, les ferait flétrir et dessécher sans arriver à maturité. Mais lorsque le grain commence à changer de couleur, il ne demande plus à se développer, mais à mûrir; alors il n'y a plus d'inconvénient à le mettre au soleil.

549. A quelle époque faut-il opérer le rognage et quelles branches doit-on rogner?

— Les bourgeons de la branche à fruits étant liés au fil de fer supérieur, on doit rogner tous ces bourgeons au niveau du fil de fer et cela au commencement d'août; mais on ne doit pas toucher aux rameaux de la branche à bois, si ce n'est cependant à la hauteur de l'échalas qui est de 1 mètre 50 centimètres environ.

550. N'avez-vous plus d'autres observations générales à nous indiquer sur le temps à choisir pour pincer, rogner, palisser, épamprer, effeuiller?

— Aucune de ces opérations ne doit se faire après les grandes pluies; mais pour pratiquer ces opérations il faut choisir, autant que

possible, un temps doux et couvert, plutôt
humide que sec.

551. Une trop grande chaleur nuirait-elle
à la vigne pendant ces différentes opérations ?

— La sécheresse et les grandes ardeurs
du soleil exercent une influence fâcheuse sur
les pampres, les fleurs et les fruits dont les
abris viennent d'être brusquement supprimés.
Un temps couvert et doux favorise la cicatri-
sation des plaies, donne au cep le temps de se
remettre et d'être en état de recevoir les
rayons bienfaisants du soleil.

44ᵉ LEÇON

Du Bétail.

552. Le bétail est-il d'une grande importance en agriculture ?

— Sans bétail point d'engrais, point de
travaux et plus de produits.

553. Le bétail à cornes doit-il être le même partout ?

— Il est important de choisir les espèces
qui conviennent le mieux au pays qu'on habite,
et aux usages auxquels on les destine.

554. Quelles sont les meilleures races laitières des départements de la Savoie et de la Haute-Savoie ?

— Dans le département de la Savoie, ce sont les races de Tarentaise, de Beaufort, de Maurienne et des Bauges ; les races du Chablais, soit d'Abondance, et celles du Faucigny appartiennent à la Haute-Savoie.

555. Quelle différence existe-t-il entre ces diverses races ?

— La race de Tarentaise, qui est une des meilleures, se distingue par ses jambes peu élevées et sa couleur rousse, légèrement ardoisée, sa tête courte et ses cornes fines. Cette vache est très robuste, n'est pas difficile à nourrir et est très bonne laitière. On distingue en Tarentaise les vaches de Ste-Foi et de la vallée de Tignes qui sont un peu plus élevées sur jambes, poil fin de couleur gris brun ; ces vaches ont le pied excellent et sont très bonnes laitières. La race de Beaufort est du croisement de la race de Tarentaise avec celle des Bauges. Les vaches de Beaufort sont plus grosses et sont ordinairement rouges et blanches. Cette race est très bonne laitière, mais

plus difficile à nourrir que la race pure de
Tarentaise ; elle réussit très bien dans les pays
où l'on a de bons fourrages.

556. Parlez-nous des races de Maurienne
et des Bauges ?

— La race de Maurienne est plus fine que
celle de Tarentaise ; elle a en général le poil
gris clair, la taille un peu plus élevée, la tête
plus légère et les membres plus fins. Cette
race est d'un entretien facile et assez bonne
laitière. La race des Bauges tient aux races
de Tarentaise, de Beaufort et du Chablais.
C'est par le croisement qu'on a obtenu cette
race. Les vaches sont plus grosses et chargées
en chair. Comme elles sont nourries dans d'excellents pâturages, elles sont très bonnes laitières et précieuses pour le travail et la boucherie.

557. Qu'est-ce que la race d'Abondance ?

— Cette vache est très bonne laitière, plus
haute de taille que celle de Tarentaise et plus
élégante dans ses formes ; ses membres sont
fins, la tête petite et les cornes fines ; son man-
teau est en général blanc et rouge.

558. Que faut-il observer lorsqu'on achète une race plutôt qu'une autre ?

— Il ne faut jamais mettre des animaux exigeants sur un pauvre terrain ; il en doit être de même des bêtes destinées à vivre de peu , si on les place dans de riches et gras pâturages.

45ᵉ LEÇON

Amélioration des races.

559. Quel est le moyen le plus certain d'améliorer une race ?

— Le moyen le plus certain d'améliorer une race, c'est de choisir les plus beaux sujets de la race et de leur donner une bonne et abondante nourriture pendant leur jeune âge, puis c'est aussi par le croisement.

560. Quels avantages a-t-on d'améliorer une race en suivant le premier ou le second moyen que vous venez d'indiquer ?

— Le moyen d'améliorer une race par elle-même est plus rapide et toujours avantageux, car alors on est assuré d'avoir des bestiaux robustes et acclimatés au pays. Le croisement produit aussi de très bons résultats , surtout si l'on veut avoir du bétail destiné au travail ou à la boucherie.

561. Quels sont les caractères qui distinguent un bon taureau ?

— Un bon taureau doit avoir la tête courte et épaisse, le front large, les naseaux grands, les cornes courtes et bien faites, le cou fort, la poitrine large, le dos droit, la croupe et les cuisses bien développées, les épaules fortes, les jambes courtes, minces du bas et bien musclées du haut. Son corps doit se rapprocher le plus possible de la forme cylindrique. Enfin, une démarche hardie est encore un signe de vigueur.

562. Doit-on faire le choix d'un taureau suivant l'usage et le service qu'on veut exiger de ses extraits ?

— On doit toujours choisir un taureau provenant d'une bonne vache laitière si l'on veut obtenir de bonnes vaches laitières. Mais si l'on veut avoir une race destinée au travail ou à la boucherie, il faut choisir des taureaux provenant de grosses vaches fortement constituées et charnues.

563. Quels sont les principaux signes qui indiquent les bonnes vaches laitières ?

— Une bonne vache laitière doit avoir la tête, le cou, les jambes légères et minces ; le pis pendant mince et non charnu ; de grosses veines sous le ventre ; le poil doux et fin, la peau souple et non collée aux côtes.

564. N'y a-t-il pas encore d'autres signes qui indiquent les bonnes vaches laitières ?

— M. Guénon a reconnu que les bonnes vaches laitières ont des deux côtés et au-dessus du pis des poils montants et fins, formant un écusson plus ou moins développé suivant les qualités laitières de la bête.

565. Quelles formes ont ces écussons ?

— Ils sont plus ou moins longs et larges, plus ou moins montants, et formés de poils plus ou moins fins.

566. D'après M. Guénon, quels sont les meilleurs écussons ?

— Ce sont les plus grands, les plus longs et composés de poils très fins, n'ayant point dans leur longueur de poils descendant ou des poils gros et rudes.

567. Quelles sont maintenant les autres

races principales de France et de l'étranger ?

— La petite bretonne, qui se contente de peu, réussirait très bien dans quelques-unes de nos montagnes à pâturages maigres et arides.

La race normande, de Gascogne, la charrolaise, la race auvergnate de Salers, etc., etc., vivraient très bien dans nos bons pâturages.

Les races étrangères les plus connues sont les races anglaises de Durham, d'Ayr d'Ecosse, de Schwitz de Suisse et la hollandaise.

46ᵉ LEÇON

Des Veaux.

568. Comment doit-on élever les veaux ?

— On les élève en les faisant téter ou en leur faisant boire le lait de leur mère.

569. Quels sont les veaux qu'on doit laisser téter ?

— Ce sont les veaux qu'on destine à la boucherie et qu'on ne veut pas garder longtemps.

570. Comment doit-on s'y prendre pour élever un veau sans le faire téter ?

— Aussitôt après sa naissance, on le sépare de la mère dont il boit le lait pendant quelques semaines. On diminue ensuite et peu à peu la quantité de lait, et on y ajoute des bouillies de farines d'orges ou de blé noir délayées dans de l'eau tiède.

571. Si les veaux ne veulent pas boire de suite, quel moyen faut-il prendre ?

— Celui qui soigne les veaux, plonge sa main dans le lait et présente dans cette position un de ses doigts au jeune veau, qui s'empresse de le saisir et de le téter ; au bout de deux ou trois jours, il boit seul.

572. A quel âge peut-on sevrer un veau ?

— Au bout de six à huit semaines.

573. A quel âge peut-on commencer à leur laisser manger des aliments solides ?

— Au bout de deux mois : car si on leur donne de l'herbe ou du foin trop promptement, ils deviennent faibles et ventrus.

Mais à cet âge et en continuant les boissons nourrissantes, il n'y a plus le même inconvénient.

574. Doit-on économiser pour la nourriture des veaux ?

— Un veau bien nourri vaut mieux que deux mal nourris.

575. Comment faut-il traiter un veau qu'on destine à devenir taureau améliorateur ?

— Il faut bien se garder de ne pas laisser téter un veau qui doit devenir taureau, et même lorsqu'il arrive à deux mois et qu'il commence à manger des aliments solides, il faut encore le laisser téter quatre mois de plus.

576. Comment reconnaît-on l'âge des bêtes à cornes ?

— A la chute des dents de lait, à l'usure des dents remplaçantes et aux anneaux des cornes.

577. Combien ont-ils de dents tranchantes ou incisives ?

— Huit à la mâchoire inférieure seulement : la supérieure en est dépourvue.

578. A quelle époque tombent-elles pour être remplacées ?

— Les pinces tombent et sont remplacées à deux ans.

— Les premières mitoyennes à trois ans.

— Les secondes mitoyennes à quatre ans.

— Les coins à cinq ans.

579. Lorsque les dents incisives sont poussées, comment reconnaît-on l'âge des bêtes à cornes?

— Les dents incisives qui étaient tranchantes s'usent et ne se touchent plus, et cela en suivant le même ordre qu'elles ont poussé.

580. Quels signes reconnaît-on aux cornes?

— Chaque cercle ou anneau qu'on aperçoit à la base de la corne, indique une année, et la pointe en indique trois.

47ᵉ LEÇON

Nourriture du Bétail.

581. Quelle est la nourriture des bêtes à cornes pendant l'hiver?

— Le foin sec et la paille entretiennent bien les bêtes à cornes, mais il est indispensable d'avoir des racines, telles que betteraves, rutabagas, etc., pour leur donner un repas humide dans la journée, ce qui leur évite des maladies d'échauffement, leur maintient le poil frais et brillant et augmente considérablement la quantité et la qualité du lait des vaches laitières.

582. Comment doit-on alimenter les bêtes à cornes ?

— Une petite vache ne peut manger autant qu'une grosse ; c'est le poids de la vache qui doit indiquer la quantité d'aliments qui lui est nécessaire.

583. Connaissant le poids d'une vache ou d'un bœuf, quelle sera la quantité de fourrage à donner relativement à ce poids ?

— Environ le deux pour cent du poids de l'animal vivant.

584. Comment estimer la valeur nutritive de chaque fourrage ?

— En prenant pour base le foin de prairies naturelles, les racines comptent pour un tiers et la paille pour un quart.

585. Donnez un exemple pour mieux vous faire comprendre ?

— Une belle vache, qui pèse environ six cents kilogrammes, sera donc convenablement nourrie avec douze kilogrammes de foin sec, ce qui donne bien le deux pour cent du poids de la vache. Ces douze kilogrammes peuvent être divisés et remplacés comme suit :

	Valeur en foin : Kilogrammes.
Foin sec de prairie naturelle	4 500

Les racines représentant le tiers en valeur nutritive comparativement au foin, nous aurons donc en bette-rave, par exemple :

Treize kilogram. cinq cents grammes, valeur en foin sec	5 »

La paille ne représentant que le quart, nous aurons donc dix kilogrammes de paille, dont la valeur nutritive en foin sec est de . . . .

	2 500
Total	12 »

586. Comment doit-on distribuer cette quantité de nourriture ?

— Le matin, foin et paille mélangés ; à onze heures, foin et paille ; à trois heures et demie de l'après-midi, racines coupées en tranches ; enfin, le soir, foin et paille mélangés.

C'est-à-dire que le repas du matin sera composé de deux kilogrammes de foin mélangé avec quatre kilogrammes de paille. Ce premier repas est donné en hiver à sept heures du matin, et distribué en deux fois, en laissant un petit intervalle d'une distribution à l'autre.

Cette division est indispensable pour éviter une perte de fourrage, en obligeant pour ainsi dire les animaux à ne rien perdre de leur ration.

A neuf heures, on les mène à l'abreuvoir.

A onze heures et demie, un kilogramme de foin mélangé avec deux kilogrammes de paille, en une seule fois.

A trois heures de l'après-midi, treize kilogrammes de racines coupées en tranches; enfin, à cinq heures du soir, un kilogramme cinq cents grammes de foin mélangé avec quatre kilogrammes de paille. Ce repas est divisé en deux fois, comme celui du matin; à six heures, à l'abreuvoir.

587. Pendant l'hiver il faut donc sortir les vaches?

— Il est toujours avantageux de les sortir pour leur faire prendre l'air; ce petit exercice d'aller à l'abreuvoir deux fois par jour, soit le matin après le premier repas, soit le soir après le dernier repas, est très salutaire et contribue à leur donner la santé.

588. Doit-on toujours donner les repas aux heures fixées?

— Chaque repas doit être distribué aux heures fixées et en même quantité ; pour cela il faut peser le foin et la paille et les mettre en bottes, peser les racines ou avoir une mesure qui donne le poids fixé d'avance.

589. Ce travail de pesage est-il toujours indispensable ?

— Une fois que celui qui est chargé de soigner le bétail, et il faut absolument que ce soit toujours le même, aura pesé et botelé le foin et la paille pendant quelques jours, il pourra, sans se tromper, faire la distribution à chaque bête à cornes sans être obligé de peser de nouveau.

590. Quels soins faut-il encore donner aux bêtes à cornes.

— Chaque matin on doit les étriller et les brosser avec soin et les tenir dans une propreté complète. On leur donne aussi vingt-cinq grammes de sel par jour et par tête.

48ᵉ LEÇON

Nourriture des Bestiaux en vert, soit dans la belle saison.

591. Dans la belle saison, convient-il de mettre les vaches dans les prairies ?

— Lorsque les regains sont trop courts pour être fauchés, on les fait consommer sur place, mais jamais après la pluie.

592. Lorsqu'on nourrit les bestiaux en vert et à l'étable, quel nom donne-t-on à ce système ?

— On l'appelle *stabulation*.

593. Les bestiaux en stabulation doivent-ils être rationnés, s'ils mangent du vert ?

— Il faut toujours les rationner ; car, si on leur en donne une trop grande quantité, on les expose à être gonflés, soit *météorisés*.

594. Qu'est-ce que la météorisation ?

— C'est une indigestion qui se manifeste par le gonflement du côté gauche.

595. Comment faut-il soigner les animaux qui sont ainsi gonflés, soit météorisés ?

— Il faut les promener, couvrir le flanc gauche avec des linges mouillés dans de l'eau froide, et, si le gonflement ne diminue pas, on emploie l'ammoniac liquide, soit alcali volatil.

596. Comment et quelle quantité doit-on en administrer ?

— Une cuillerée d'alcali volatil dans deux

ou trois verres d'eau froide, et si cela ne suffit pas, on en donne autant vingt minutes après.

597. Quels sont les fourrages verts qui sont le plus à craindre pour gonfler les bêtes à cornes ?

— Le trèfle, la luzerne, les navets et les pommes de terre.

598. Dans quel moment de la journée les légumineuses sont-elles le plus à craindre ?

— C'est au moment où elles sont encore couvertes de rosée. Il faut donc bien se garder de donner du trèfle et de la luzerne aux bêtes à cornes ni aux chevaux pendant que la rosée est encore sur les plantes ; il en est de même pour les pâturages. (Voir la valeur nutritive des différents fourrages verts comparée à celle du foin, à la 54e leçon.)

49e LEÇON

Des Étables et de l'Engraissement des Bestiaux.

599. Comment les étables doivent-elles être construites pour maintenir le bétail en bonne santé ?

— Il faut que le plancher supérieur soit

assez élevé pour que l'air puisse circuler libre-
ment par les croisées placées au-dessus des
vaches. La hauteur du plancher doit donc être
de trois mètres au moins ; on doit faire construire des fenêtres qui éclairent parfaitement
les étables ; il faut que le sol soit parfaitement
incliné pour favoriser l'écoulement du purin
dans un tonneau ou dans une fosse qu'on devra
construire à l'extérieur pour le recevoir.

600. Doit-on souvent enlever le fumier des
écuries ?

— Le plus souvent possible, pour maintenir
la pureté de l'air et diminuer la chaleur en été.

601. Doit-on boucher les fenêtres pendant
les chaleurs de l'été à cause des mouches ?

— Il suffit de garnir les fenêtres de feuil-
lages, afin de ne pas arrêter la circulation de
l'air.

602. Quels sont les bestiaux qui s'engraissent le plus facilement ?

— Les bœufs ou vaches qu'on veut engraisser doivent avoir le corps de forme cylindrique, c'est-à-dire qu'en plaçant une corde sur
le dos et une sous le ventre, ces deux cordes
soient presque parallèles. Une large poitrine ,

les os petits ainsi que la tête et les jambes, la
peau souple et le poil fin, sont des marques
certaines d'un facile engraissement.

603. A quel âge les animaux prennent-ils
mieux la graisse ?

— Vers la sixième ou huitième année.

604. N'y a-t-il pas des races qui s'engraissent beaucoup plus tôt ?

— La race anglaise de Durham a l'immense avantage de s'engraisser dès la jeu-
nesse.

605. Comment engraisse-t-on les animaux ?

— On les engraisse à l'étable avec du foin
sec, des racines de rutabagas et des grains.

606. Si l'on donne des fourrages verts aux
bestiaux, peuvent-ils s'engraisser ?

— Les animaux qui reçoivent de bons
fourrages verts s'engraissent très bien, mais il
faut ajouter à leur alimentation quelques fourrages secs et du grain. Ce mélange est d'autant
plus utile que les animaux conservent un
meilleur appétit et leur digestion se fait mieux.

607. Pour arriver à un prompt engraissement, par quelle nourriture doit-on commencer ?

— On commence par la nourriture la moins
bonne, puis on ajoute des grains, du son et de
la farine, à mesure qu'on avance dans l'engraissement.

608. Quels soins doit-on donner aux bestiaux à l'engrais ?

— Beaucoup de soins de propreté, de
tranquillité, et une grande régularité dans la
distribution des repas ; pendant le repas, de
l'air et du jour ; après le repas, de la tranquillité et plutôt de l'obscurité.

50ᵉ LEÇON

Des Cochons.

609. D'où nous viennent toutes les races de
cochons ?

— Il est certain qu'elles nous viennent du
sanglier, qui est cependant l'animal le plus
sauvage, le plus grossier et même le plus
féroce des grandes forêts.

610. Quelles sont les plus belles races de
France ?

— La première, qu'on rencontre en Nor-
mandie, a la tête petite et très pointue, des

oreilles étroites, un corps long et épais, un poil blanc et peu abondant, les pattes minces, les os petits. Cette race prend facilement la graisse et parvient au poids de 600 livres.

La seconde, soit cochon blanc du Poitou, a la tête grosse et longue, l'oreille large et pendante, le corps allongé, le poil rude, les pattes larges et grosses, le corps long et de gros os ; son poids ne dépasse jamais 500 livres.

La troisième, race du Périgord, a le poil noir et rude, le cou gros et court, le corps large et ramassé. Enfin, il y en a encore une infinité d'autres qu'il serait trop long d'énumérer.

611. Quel nom donne-t-on au mâle, à la femelle et aux petits ?

— Le mâle s'appelle *verrat* ;

La femelle, *truie* ;

Les jeunes, *porcelets*.

Le nom de cochons s'applique aussi au mâle et à la femelle lorsqu'ils ont subi la *castration*. Le nom de porcs s'applique aux mâles châtrés.

612. Quelles sont les meilleures races pour obtenir un prompt engraissement ?

— Ce sont les races anglaises perfection-
nées et quelques races croisées de France.

613. Comment élève-t-on les jeunes porcelets ?

— Pendant qu'ils sont sous la mère, il suffit
de nourrir abondamment celle-ci; puis, au
bout d'un mois, on donne aux petits porcelets
du lait, des farines d'orges, de fèves, de pois,
etc.

614. Combien de temps porte la truie ?

— De 112 à 120 jours; elle fait deux por-
tées par an de 12 à 16 petits, en moyenne.

615. Peut-on nourrir les cochons sans faire
cuire les aliments qu'on leur donne ?

— On peut les nourrir sans faire cuire les
aliments jusqu'au moment de l'engraissement,
car alors il faut tout faire cuire pour obtenir
de prompts résultats.

616. Les aliments préparés d'avance sont-
ils bons pour les cochons ?

— Lorsque les aliments ont fermenté ou
qu'ils commencent à aigrir, ils leur sont plus
profitables.

617. Comment doit-on conduire l'engraissement ?

— Comme pour tous les animaux, en commençant par les aliments les moins bons et en finissant par les plus nourrissants.

618. Quels soins doit-on donner aux porcs ?

— Quoique naturellement très malpropres, il faut les laver souvent, les tenir dans une porcherie sèche où l'air circule facilement et renouveler souvent la litière, les sortir chaque jour dans une cour pour les promener et leur faire prendre l'air.

51e LEÇON

Des Bêtes à laine.

619. Dans quel pays convient-il d'élever des moutons ?

— Dans les pays de montagnes où les pâturages sont considérables et où, peu de terrain est mis en culture ?

620. Pourquoi ne faut-il pas élever des moutons dans un pays cultivé ?

— C'est que, dans un pays cultivé, les moutons doivent être gardés soigneusement pour mettre les champs cultivés et les vignes à l'abri de leurs ravages : ce qui nécessiterait un homme raisonnable pour les garder, au lieu de les abandonner à la négligence de jeunes enfants incapables de se conduire eux-mêmes.

621. Que retire-t-on des bêtes à laine ?

— Leur fumier est chaud et très riche ; elles se nourrissent dans des pâturages où les autres animaux ne pourraient vivre ; leur laine est un produit assez important et leur chair est très recherchée, suivant les pâturages où elles se nourrissent.

622. Quels sont les terrains qui conviennent le mieux à l'élevage des bêtes à laine ?

— Ce sont les terrains secs des montagnes ; il y a cependant des espèces qui prospèrent dans les terrains humides.

623. Quelles sont les races qui demandent un terrain sec ?

— Les mérinos et toutes les races à laine fine.

624. Quelles races peut-on élever sur les sols humides ?

— Quelques races anglaises, les southdown, les dislhley.

625. Quelles sont, en Savoie et en Haute-Savoie, les meilleures races pour la boucherie ?

— Les montagnes des Beauges, de Tarentaise, de Maurienne et du Faucigny fournissent
de très bonnes races pour la boucherie ; mais
il existe une petite race de moutons blancs
tachetés de noir, qu'on nourrit dans la montagne de la Thuile, qui domine Montmélian, qui
sont parfaits comme viande fine et délicate. On
commence à les apprécier à Lyon et dans d'autres villes. La supériorité de leur chair est
attribuée aux qualités aromatiques des pâturages assez pauvres de cette montagne.

626. Comment doit-on loger les moutons ?

— Dans un endroit sec et élevé, où l'air
circule facilement.

627. Comment doit-on nourrir les moutons ?

— On doit les nourrir au pâturage pendant
toute la belle saison et en hiver avec des racines
et des fourrages secs.

628. Quels soins faut-il encore donner aux
moutons ?

— Les moutons ont quelquefois besoin de
bonne nourriture ; ainsi le foin des prairies
artificielles, de l'avoine, du son, augmentent
leur vigueur et avancent leur engraissement.

Les détritus de distillerie de betteraves, de maïs, etc., leur conviennent beaucoup.

629. Comment reconnaît-on l'âge des moutons?

— Au moyen des dents incisives de la mâchoire inférieure; la mâchoire supérieure en est dépourvue. Les premières dents, appelées dents de lait, sont remplacées comme suit:

D'un an à un an et demi, les pinces, ou dents du milieu, sont remplacées;

De deux ans à deux ans et demi, les premières mitoyennes;

De trois à trois ans et demi, les secondes mitoyennes;

Enfin les coins, l'année suivante.

52ᵉ LEÇON

Des Chevaux.

630. Quelles formes doit-on rechercher dans un cheval de trait?

— Il faut qu'un cheval de trait soit épais, court et ramassé, qu'il ait la poitrine et la croupe larges, les épaules fortes, le corps arrondi ainsi que les côtes; le pied d'aplomb, un pas assuré et une démarche hardie sont de bonnes indications.

631. Comment appelle-t-on les jeunes chevaux qui tettent encore leur mère?

— S'ils sont mâles, on les appelle *poulains*; s'ils sont femelles, on les appelle *pouliches*.

632. Quels soins exigent les poulains et les pouliches?

— On doit les laisser vivre en liberté, afin qu'ils puissent grandir et se développer facilement. Une écurie saine, de la douceur et une grande propreté, au sevrage, une bonne nourriture, sont des moyens certains de réussite.

633. Comment reconnaît-on l'âge des chevaux?

— Au moyen des dents de lait, qui, en tombant à une certaine époque, sont remplacées par d'autres, et à leur usure.

634. Pourquoi les appelle-t-on dents de lait?

— C'est qu'elles paraissent peu de temps après leur naissance et que l'animal les porte pendant qu'il tette la mère.

635. Qu'appelle-t-on dents incisives?

— Les dents incisives sont au nombre de

six à chaque mâchoire et forment un demi-
cercle assez régulier pendant que l'animal est
jeune. Les deux dents du milieu s'appellent
pinces ; celles qui les touchent de chaque côté,
s'appellent *mitoyennes* ; enfin les deux dernières, qui finissent le demi-cercle dont nous
venons de parler, s'appellent *coins*. Donc, pour
bien nous fixer sur le nom des six dents incisives d'une seule mâchoire, nous disons qu'il y a
les deux pinces, les deux mitoyennes et les deux
coins.

636. A quel âge les dents de lait commen-
cent-elles à tomber ?

— Arrivé à trois ans, les deux pinces
tombent et sont remplacées.

A la quatrième année, les deux mitoyennes
de chaque mâchoire tombent et sont remplacées ; enfin, à la cinquième, les coins tombent
et sont remplacés.

637. Comment sont conformées les dents
incisives d'un cheval ?

— On observe une petite cavité noire dans
le centre de la dent ; cette cavité noire est
entourée d'un bord blanc.

638. Ces cavités noires servent - elles à indiquer l'âge des chevaux ?

— Ces cavités noires s'usent et disparaissent dans le même ordre que les dents de lait sont tombées et ont été remplacées.

Lorsque les chevaux vieillissent, les dents s'allongent et se séparent.

639. Jusqu'à quel âge les dents conservent-elles cette cavité noire plus ou moins marquée ?

— Entre sept et huit ans, la tache noire disparaît par l'usure ; alors on dit que le cheval *ne marque plus*.

640. A quel âge le cheval est-il arrivé à son entier développement ?

— Le cheval arrive à son entier développement entre cinq et six ans.

641. Quels soins doit on donner aux chevaux pour les maintenir en parfait état de santé ?

— Le *pansage* est une des premières conditions et c'est ce qu'on néglige trop souvent. Alors le cheval dépérit et la saleté dans laquelle on le laisse contribue à lui donner des maladies dangereuses. Il faut donc, avant tout, maintenir la peau dans un état parfait de propreté, afin de faciliter le passage de la transpiration.

642. Si on négligeait ces soins de propreté, quelles sont les maladies qu'on pourrait craindre ?

— La *gale*, les *dartres* et quelquefois même la *morve* et le *farcin*. Il est d'ailleurs facile de comparer un cheval bien soigné à un autre mal soigné : le premier a le poil luisant et fin, la peau souple, l'œil vif, et tout indique qu'il jouit d'une bonne santé ; le second a le poil terne, désuni, hérissé ; les poils tombent sur quelques parties du corps ; il a des démangeaisons qui le fatiguent et il maigrit à vue d'œil.

643. Quels sont les instruments indispensables pour le pansage ?

— L'étrille, l'époussetoir, la brosse, l'éponge, le peigne et les ciseaux.

644. Comment doit-on commencer le pansage ?

— D'abord avec l'étrille pour détacher la crasse qui est collée à la peau ; vient ensuite l'époussetoir, soit une queue de cheval à laquelle on a attaché un manche en bois ; cet époussetoir sert à enlever la poussière qui est à la surface des poils. Puis, la brosse sert à finir d'enlever cette poussière et à lisser les poils. L'éponge sert à laver les yeux, la bouche et les naseaux du cheval, et les ciseaux servent à couper les crins des oreilles et des pieds lorsqu'ils sont trop longs.

645. Quand doit-on faire le pansage ?

— Le pansage du cheval de travail doit être fait tous les matins, dans l'écurie s'il fait froid ou mauvais temps, et en dehors de l'écurie s'il fait beau.

53ᵉ LEÇON

Des Écuries.

646. Comment doit être construite l'écurie ?

— Elle doit être grande et disposée de manière que le cheval puisse y prendre sa nourriture commodément et y jouir du repos qui lui est nécessaire pour réparer ses forces. Il faut que l'écurie ait 4 mètres de haut et que chaque cheval ait au moins 1 mètre 75 centimètres à sa disposition. Cette place est indis-

pensable pour que le cheval puisse s'étendre
sur la litière sans gêner ses voisins, et manger
sa ration avec tranquillité ; il faut encore que
l'air circule facilement, et pour cela il faut
placer plusieurs fenêtres au-dessus des chevaux, afin de pouvoir renouveler l'air le plus
souvent possible.

647. Convient-il de laisser le fumier plusieurs jours sous les chevaux ?

— On laisse longtemps le fumier pour l'avoir
meilleur, mais c'est une mauvaise coutume
qui est contraire à la santé des chevaux. Dans
tous les cas, le fumier devient très bon en
fermentant dans les fosses à engrais. Il faut
donc sortir la litière qui est déjà convertie en
fumier et conserver la paille qui n'a pas encore
été mouillée, en la plaçant chaque matin sur
le devant du cheval, soit sous la crèche. Cette
paille étendue le soir sous le cheval, en y
ajoutant une certaine quantité de paille fraîche, fera une bonne litière, et ainsi de suite.

648. Quelle est la nourriture ordinaire des
chevaux ?

— Foin, paille et avoine.

649. Comment doit-on distribuer le foin,

la paille et l'avoine, pour nourrir convenablement un cheval de travail ?

— On donnera à chaque cheval trois repas
par jour : le premier, à la pointe du jour ; le
second, à midi, et le troisième, le soir. Un
cheval de moyenne taille recevra le matin deux
kilogrammes et demi de foin, autant de paille
et deux kilogrammes d'avoine après avoir bu ;
à midi, deux kilogrammes et demi de foin, et
le soir, le même repas que celui du matin.

En hiver, on ne fait boire que matin et soir,
et en été, trois fois par jour, en ajoutant au
repas de midi deux kilogrammes d'avoine.

650. Les chevaux vivent-ils longtemps ?

— Ceux qui travaillent beaucoup, 15 à 18
ans ; mais si le travail est modéré, ils peuvent
vivre de 25 à 30 ans.

651. Combien d'heures un cheval peut-il
travailler sans inconvénient ?

— De huit à neuf heures en deux attelées.

652. Si les chevaux doivent faire un travail
très fort, ne convient-il pas d'augmenter la
quantité de nourriture ?

— Il vaut mieux augmenter la ration
d'avoine que celle du foin, et pour être fixé sur

la quantité d'avoine à donner, c'est en général un litre par heure de travail.

653. Quelles précautions doit-on prendre pour éviter des maladies aux chevaux ?

— Il ne faut jamais faire boire un cheval pendant qu'il a chaud, surtout s'il ne continue pas à travailler. Alors il convient de lui faire attendre la boisson deux heures de temps, afin d'éviter les rhumes et plusieurs autres maladies. Il est très important de traiter les chevaux avec la plus grande douceur et d'être exact pour l'heure des repas et la distribution de la nourriture.

654. La nourriture en vert convient-elle aux chevaux de travail ?

— Elle les rafraîchit et les remet de longues fatigues ; mais si l'on exige d'eux un travail continu, il est préférable de leur donner des fourrages secs et de l'avoine.

655. Pourquoi faut-il traiter avec douceur les animaux de toute espèce ?

— Les animaux bien traités sont plus dociles et rapportent davantage. Un homme dur et cruel envers les animaux est très certainement un méchant homme. D'ailleurs, tous les animaux se souviennent des bons et des mauvais traitements; ils reconnaissent parfaitement la main qui les soigne et les nourrit, et obéissent plus facilement à leur maître qu'à un étranger.

Il est donc dans l'intérêt du cultivateur de ne point accabler de travail ou de coups ses bêtes de trait; il vaut mieux diminuer la charge, faire deux voyages au lieu d'un, que de payer chèrement sa cruauté par les maladies ou la perte de ses animaux.

54ᵉ LEÇON

Exercices de mémoire sur des questions pratiques concernant l'Agriculture (1).

656. Quelle est la durée moyenne de la gestation des animaux domestiques?

— Les juments portent. . .	336 jours
Les ânesses	350
Les vaches	280
Les chèvres	155
Les brebis	155
Les truies.	112

(1) Les questions suivantes sont d'une grande exactitude, puisqu'elles ont été résolues par M. G. Heuzé, professeur d'agriculture à l'école impériale de Grignon.

Les chiennes . . . . 60 jours
Les lapines 30
Les oies et pintades 10
Les dindes 28
Les poules 21
Les pigeons 18

657. Quelle est la valeur nutritive des aliments comparée à celle du foin de prairie naturelle ?

— 1° Dix kilogrammes de foin sec de bonne prairie naturelle peuvent être remplacés comme valeur nutritive par :

	kil.	gr.
Luzerne sèche	9	500
Sainfoin sec	8	500
Trèfle id.	9	500
Ray-grass id.	13	»

2° Dix kilogrammes de foin sec de prairie naturelle exigent, pour les remplacer en fourrages verts, les quantités suivantes :

	kil.
Luzerne verte	45
Sainfoin vert.	44
Trèfle id.	42
Maïs id.	27

	kil.
Colza id.	47
Tiges et feuilles de betteraves . . .	60

3° Dix kilogrammes de foin sec de prairie naturelle ont une valeur nutritive en racines comme ci-après :

	kil.
Carottes	28
Choux-navets	32
Betteraves	34
Rutabagas	30
Navets	52

4° En tubercules :

	kil.
Pommes de terre	20
Topinambours	22

5° En paille de toute espèce :

	kil.
De Froment	34
Seigle	43
Maïs	30
Orge	24
Avoine	22
Sarrasin	21
Millet	19

658. Quelle quantité de graines doit-on répandre par hectare ?

litres.
— Froment à la volée . . de 220 à 250
En lignes et par poquets . . . . 50 à 60
Seigle d'hiver à la volée . . . 200 à 250
Seigle de mars id. . . . . . 220 à 300
Orge d'hiver id. . . . . . 200 à 250
Orge de mars id. . . . . 250 à 300
Avoine de printemps id. . . . 250 à 300
Maïs en lignes . . . . . . » 80
Millet id. . . . . . . 30 à 40
Sarrasin à la volée . . . . . 50 à 60

Graines des plantes cultivées pour leurs racines et tubercules ; par hectare :

kilog.
Betteraves. . . . . 5 à 6
Rutabagas. . . . . 6 à 8
Choux en pépinière . . . . . 4 à 5
Carottes semées à la main . . . 4 à 5
Id. au semoir . . . 2 à 3

659. Quels sont les rendements moyens de toutes racines plantes fourragères, par hectare ?

kilog.
Betteraves fourragères. 40,000 à 50,000
Carottes. . . . . . 50,000 à 60,000
Rutabagas . . . . 40,000 à 50,000

hectolitres.
Pommes de terre . . . . 250 à 300
Topinambours . . . . . 200 à 300

660. Quel est le rendement en foin sec de toutes les plantes fourragères, par hectare?

	kilog.
Luzerne sèche	5,000 à 8,000
Sainfoin sec	4,000 à 5,000
Trèfle rouge	5,000 à 6,000
Ray-grass	3,000 à 4,000

En vert, les mêmes plantes donnent :

	kilog.
Luzerne	50,000 à 60,000
Chou pommé	80,000 à 100,000
Trèfle	20,000 à 25,000
Maïs	30,000 à 40,000
Sorgho	60,000 à 65,000
Seigle et avoine	15,000 à 20,000
Sarrasin	15,000 à 20,000

661. Quel est le rendement du blé en farine?

— Le blé ordinaire ou de bonne qualité rend par cent kilogrammes de grains 78 à 80 kilogrammes de farine.

Un hectolitre de blé donne en farine	64 à 66
Cent kilog. de méteil donnent	68 à 70
Un hectolitre de méteil	48 à 49

Le blé rend en son ou issues par cent kilogrammes . . . . . . kil. 20 à 22

Un hectolitre . . . . 15 à 16

En résumé, la mouture du blé donne en moyenne, par hectolitre, les résultats suivants :

Par hectolitre : de farine . 62 » kil.
Id.   de son . . 14 500
Id.   de déchet . 1 500
                          ————————
                          78 »

662. Quelle quantité de pain fournit la farine ?

— En moyenne, cent kilogrammes de farine donnent :

Pâte. . . . . 166 à 167 kilogrammes ;
Ou pain . . 130 à 132   id.

                                  kil. de pain.
Cent kilog. de blé donnent . 101 à 102
Cent kil. de méteil fournissent   145

55ᵉ LEÇON

Quantité de fumier produite annuellement par les animaux domestiques et quantité raisonnée de fumier à appliquer par hectare (1).

663. Quelle quantité de fumier produit annuellement un cheval ?

— D'après les statistiques des Thaër, des

(1) Ces documents sont fournis par M. G. Heuzé, professeur d'agriculture à l'école impériale de Grignon.

Dombasle, Bella et autres célèbres agronomes,
un cheval produit en moyenne le poids de
fumier de . . . . 10,280 kil.

Un bœuf de travail 9,400

Une vache en stabulation . . 11,450

Un mouton 550

Un porc produit annuellement du fumier en
moyenne 550 kilog.

Il est évident que, si le bétail pâture pendant
la belle saison, on n'obtiendra jamais une aussi
grande quantité de fumier que s'il est soumis
à la stabulation complète.

664. Quelle est la quantité de fumier que
chaque récolte enlève au sol, suivant les produits qu'il fournit ?

— 100 kilogrammes de froment enlèvent
au sol un poids de fumier de . . 640 kil.

100 kil. de seigle 630

Id.   avoine 600

Id.   orge 500

Id.   maïs 510

Id.   sarrasin . . . 600

Id.   betterave . . . 65

Id.   pommes de terre . 100

Id.   carottes . . . 60

100 kil. de rutabagas . . . . . . 50 kil.
Id.   choux 50
Id.   colza 1,000
Id.   pavots 1,100
Id.   tabac 4,000
Id.   chanvre 6,000

665. Au moyen de cette table, qui indique approximativement la quantité de fumier qui est absorbée par les différentes récoltes, pourriez-vous fixer la quantité de fumier nécessaire à un hectare de champ qui, pendant un assolement de quatre ans, aurait produit :

Première année, betteraves ;
Deuxième année, blé de mars ;
Troisième année, trèfle ;
Quatrième année, blé d'hiver ?

— Si le produit de la première année a été en betteraves de. . . . 40,000 kilogr.
de la deuxième en blé de
mars de . . . . . . 30 hectol.
de la troisième en trèfle de. »
de la quatrième en blé d'hiver de. . . . . 20 »
voici le calcul que je fais :
100 kilogrammes de betteraves absorbant

65 kilogrammes de fumier, je multiplie 400 quintaux par 65 ; ce qui me donne un chiffre de fumier. . . . . 26,000 kil.

30 hectolitres de blé, pesant
24 quintaux, par 460. . . . . 15,300 »

25 hectolitres, pesant 20 quintaux, par 460. . . . . . . 12,800 »

                                    54,100 kil.

Il faudra donc donner à ce terrain une fumure approximative de 55,000 kilogrammes de fumier pour remplacer celui qui a été enlevé au sol par chaque 100 kilogrammes de produits.

666. En est-il de même pour la fumure des vignes ?

— La fumure des vignes doit être en rapport avec ses produits, et nous pouvons suivre les indications données par M. Jules Guyot, en disant que la fumure doit être égale au poids des raisins. Or, si un cep produit un kilogramme de raisin, il faudra chaque année donner un kilogramme de fumier à ce cep, si l'on veut qu'il continue à produire cette même quantité de raisin et avoir une belle végétation.

667. Si l'on ne fume pas convenablement qu'en résulte-t-il ?

— Les produits diminuent, et le sol une fois ruiné ne peut être amélioré qu'en faisant de grands sacrifices. C'est ce qui explique nos petites récoltes et la misère de nos cultivateurs.

56ᵉ LEÇON

Rendement des vaches laitières.

668. Quelle quantité de lait doit donner en moyenne une vache ?

— Une bonne vache donne, en moyenne, 10 litres de lait pendant les 60 premiers jours après son vêlage.

Les 90 jours suivants . . .	8 litres
Les 60 id.	6
Les 30 id.	4
Enfin les 40 id.	3 à 4
Soit pendant 280 jours. . .	1,920
Le produit le plus bas a été fixé à	1,480
Et le plus élevé, à	2,662

669. Quelle est la quantité de crème que peut donner le lait ?

— On a constaté que cent litres de lait don-

nent, en moyenne, douze litres de crème ; c'est
donc le douze pour cent.

670. Combien faut-il de litres de lait pour
fabriquer un kilogramme de beurre ?

— Il faut, en moyenne, vingt-quatre litres
de lait.

671. Ces vingt-quatre litres de lait combien
peuvent-ils donner de crème ?

— Ils en donnent quatre litres environ. Or
il faut cent litres de crème pour donner vingt-
cinq kilogrammes de beurre et septante à sep-
tante-quatre kilogrammes de lait de beurre
pour fabriquer des fromages blancs qu'on
appelle généralement dans nos départements
de Savoie et Haute-Savoie des *tommes*.

57ᵉ ET DERNIÈRE LEÇON

Economie agricole et Comptabilité.

672. Pour réussir dans une exploitation
agricole, que faut-il encore savoir ?

— Il ne faut jamais rien laisser au hasard
et se rendre compte de tous les travaux et des
dépenses de chaque jour ; il faut tout calculer
et tout écrire. Il est certain que les cultivateurs

qui se fient à leur mémoire sont toujours trompés et induits en erreur.

Il faut connaître la surface exacte des champs, prés et vignes qu'on cultive, et les qualités de terre qui les composent ; peser les semences, mesurer les engrais, peser et mesurer les produits.

673. Indiquez le moyen pratique d'obtenir ces résultats ?

— Il faut avoir un livre de compte où le travail de chaque jour, de chaque mois et de chaque année, soit inscrit d'avance ;

Un chapitre pour les dépenses d'ouvriers, dépenses générales, et pour censes et impositions à payer ;

Enfin, un cahier à part où l'on inscrit la vente des denrées jour par jour et toutes les recettes générales.

En suivant ce procédé, on sait à la fin de l'année si l'on a fait de bonnes ou de mauvaises affaires. Voilà le véritable moyen de sortir de la vieille routine qui conduit invariablement les cultivateurs ignorants à une misère certaine.

674. Si l'on veut suivre ces bons conseils, que faut-il faire ?

— Il faut que les pères de famille regardent l'instruction de leurs enfants comme un devoir sacré, et ils doivent les envoyer régulièrement dans les écoles primaires dès l'âge de six ans à sept ans. Voilà le véritable moyen de réaliser les projets civilisateurs auxquels nous aspirons. C'est aussi le moyen de former une nouvelle génération active, intelligente, qui, tout en s'instruisant de ce qu'il est indispensable de savoir pour être bon chrétien, bon citoyen et par conséquent bon père de famille, contribuera à apprendre les nouveaux procédés agricoles qui augmenteront certainement la richesse et la prospérité du pays. Alors on abandonnera définitivement la vieille routine et on rendra grâce à la Providence du bien-être général qui en résultera.

Travaillons donc avec courage à cet avenir de prospérité agricole que tous les ouvriers de l'intelligence appellent de leurs vœux.

Les cultivateurs finiront par apprécier les bienfaits de l'instruction et comprendront que le travail seul rend l'homme digne de la liberté et du beau titre de citoyen.

FIN.

TABLE DES MATIÈRES